いのちの科学を紡いで

薬剤耐性菌の化学・タンパク質化学・
微生物のゲノム科学・宇宙医学への道のり

太田敏子

ドメス出版

はじめに

二十一世紀は女性の時代だと言われます。二〇一四年、三〇歳の女性研究者がノーベル賞級の研究成果（STAP細胞は誤りではあったが）を出したというニュースが流れ、多くの人が衝撃的な期待を抱きました。そして今や、国内学会の開催時には託児所が設けられ、二〇一四年九月の安倍内閣改造でも五人の女性大臣が登用され、女性の活躍が期待される社会が到来しました。この現実は、創意工夫をしながら与えられた状況を切り拓《ひら》いて頑張ってきた世代にとっては隔世の感があります。

しかしながら、実際には多くの女性が、自身のキャリアとしての未熟さに加えて、周囲の未熟さからもさまざまな問題を抱えています。女性が主体的に生きようとするとき、決して超えることができない、世代や人種を超えた問題、ガラスの天井（glass ceiling：資質または成果にかかわらず、マイノリティおよび女性の組織内での昇進を妨げている、見えないが打ち破れない障壁のこと）に向き合わなければなりません。

「女の道は一本道」という言葉は、女性のたどる道のりを見事に言い当てています。幕末を強くしなやかに生き抜いた女性、天璋院篤姫《てんしょういんあつひめ》の大河ドラマが世に大ブレイクしたのは、二〇〇八年だから、まだ記憶に新しいことですが、その中で篤姫に言わせている言葉です。

自分の前に道はなく、自分の後に道ができるのです。つまり、女性が生きる道にお手本などはなく、自分で切り拓いてつくっていくしかありません。夢に向かうのに、年齢や性別や環境は無関係だからです。

私が一研究者として、一大学人として、一女性として歩いて来た道は、どのような道のりだったのか、おそらくは女性でしか語れないことを本書につづったつもりです。その道のりをつづることは、これから科学者を目指す女性研究者のひよこたちに勇気を与えるかもしれません。その思いが、この執筆の始まりになりました。本書が、研究者を目指すあなたの道を見つけるきっかけになればこれほどうれしいことはありません。また、研究者のひよこのみならず、多くの男性・女性にとっても、本書が人を理解し、生きる道をより歩きやすくする一助になることを願っております。

この本のタイトルを「いのちの科学を紡いで」としたのは、「いのち」というものが私の半生を貫くキーワードであるように思えるからです。すなわち、研究者としての私は、四つの研究機関をまたいで、薬剤耐性菌の化学、膜タンパク質の化学、微生物のゲノム科学、および宇宙医学の研究に従事してきましたが、それらは一貫して広義の生命科学に属するものでした。また私生活においては、三人の男子の「いのち」を産み育ててきましたが、その途上で夫とともに私も、「いのち」をおびやかされるような病気とたたかわなければならない経験を余儀なくされました。このような背景が本文の理解の一助となれば幸いです。

著者　太田　敏子

いのちの科学を紡いで

――薬剤耐性菌の化学・タンパク質化学
微生物のゲノム科学・宇宙医学への道のり

＊目次

序　章

生命科学への目覚め

私は研究者になりたい

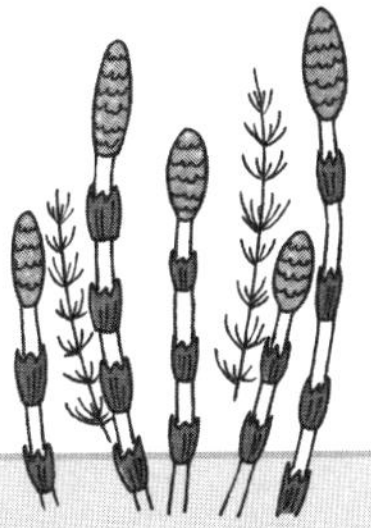

1. DNA二重らせんが呼びさます生命科学へのあこがれ

高校時代の夏休みの課題に生物の先生から『生命の起源』(オパーリン著 岩波新書)のレポートが出されました。このことが私が生命科学を知る発端になったのです。研究者への入り口は、学生時代に学んだフランソワ・ジャコブとエリー・L・ウォルマンの『細菌の性と遺伝』(岩波新書)でした。目には見えない大腸菌にも性があり、人間と同じ生命現象を営んでいるという驚きが麻薬のように、生命科学にのめり込むきっかけをつくりました。

大学へ入って教養課程の講義で、DNAのモデル(14ページ、コラム1参照)の美しさと相補性[注1]という巧妙なしくみに衝撃を受けました。次ページの写真は有名なジェームズ・ワトソンとフランシス・クリックが二重らせん構造を発見したときの一九五三年の写真です(写真1)。彼らはその功績により一九六二年ノーベル生理学・医学賞を授与されています。ワトソンによって出版された『二重らせん』(タイム・ライフ・ブックス)は迫力のある世紀の発見物語で、多くの人たちを興奮の渦に巻き込みました。一方、二人の左隣の写真の女性はロザリンド・フランクリンです。彼女によるDNAのX線結晶構造解析[注2]中のデータが、二重らせん構造の発見のヒントになったことが知られています。[1][2] 皮肉なことに、同年一九五三年にこの結晶構造解析が完成したのですが、その五年後に、彼女は三七歳の若さで卵巣がんにより生涯を閉じています。著名な物理学者バナールは

写真１　DNA 二重螺旋構造モデルの前のワトソン博士（右）とクリック博士（左）、ユダヤ系イギリス女性物理化学者、ロザリンド・フランクリン博士（左）

「彼女がＤＮＡの発見に決定的な役割を果たしながら、この世紀の大発見のチームに加えられなかったことを残念に思った」と、Nature誌（注3）に書いています。当時の書籍から、栄光の陰には競争社会の醜聞があるのだということを知って、私は胸が痛みました。しかしながら、若かった私には、ノーベル賞や大発見は現実の問題としてとらえられず、「遺伝子の実体の構造が明らかになった」という事実だけが感動の的になったのです。しかも、続いてクリックが一九五八年に提唱した、遺伝情報は「ＤＮＡ→mRNA（注4）→タンパク質」の順に伝達されるという生命現象のセントラルドグマ（注5）もさらなるインパクトを与えたのです（16ページ、コラム2参照）。

　私は、ずっと遺伝子ＤＮＡにあこがれ、生命に関係する仕事をしたいと思っていました。そ

【コラム1】 DNAの二重らせん構造と遺伝暗号

図A DNAの二重らせん構造

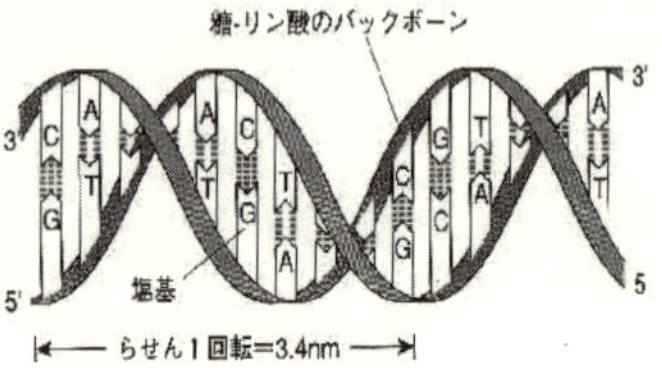

図B 遺伝暗号表

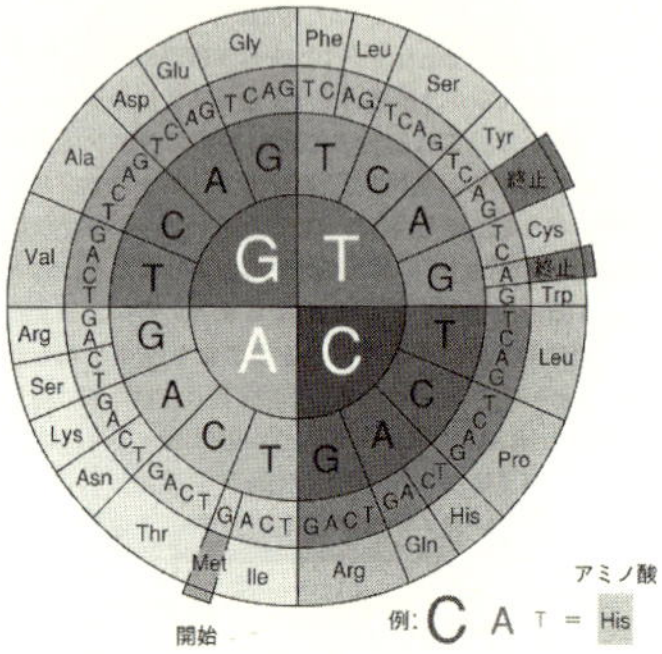

出典：『生化学』（東京化学同人）

細胞の中には生命活動を担う遺伝情報が書き込まれているデオキシリボ核酸（DNA）と呼ばれる物質があります。DNAは、アデニン（A）、グアニン（G）、シトシン（C）、チミン（T）の4つの塩基を含んでおり、二重らせん構造をしています（図A）。このDNAに刻まれている遺伝情報（遺伝子）は、A、G、C、Tの4文字で表され、4文字の並び方（配列）が個々の遺伝子で違っています。

図Bの輪は遺伝暗号表です。各アミノ酸は輪の内側から外側に向かって読まれます。例えば、表のCATの3文字はアミノ酸のヒスチジン（His）をコードしています。遺伝子は、ATG（アミノ酸のメチオニンの暗号、開始コドン(注6)という）の後から、順に並んでいる3つずつ（これをコドンと呼ぶ）がアミノ酸の種類を表す暗号になっています。このアミノ酸の並びが特定のタンパク質を表しています。

親から子へ受け継がれる遺伝子は、この二重らせん構造の片方の鎖にある塩基の並びです。細胞が分裂するとき、片方の一本鎖は父方から、もう片方の一本鎖は母方からきて、おのおのの一本鎖の塩基同士が水素結合で結合し二本鎖のらせん構造のDNAとなります。一本鎖DNAの4文字の相手がAはT、GはCと結合する（相補結合と呼んでいる）ため、対になる相手が決まってくるのです。

して、偶然にも二〇〇三年にニューヨークのコールド・スプリング・ハーバーの彼らがつくった研究所で開催された国際学会に参加することになり、玄関を入ってすぐの所に建っているDNA二重らせんモデルの前で写真を撮る機会を得ました。このときがちょうど、発見から五〇年後に当たり、五〇年間の想いとなるわけです。私もまた、研究者を目指す若者には「夢を持つべし」という言葉を残したいと思います。生きる道のりにはいろいろなことがあるものの、多くの場合、「夢」は叶うときが来るものです。かくいう私は、必ずしも恵まれた研究者としての道のりをたどったわけではないのです。

2. 大学の理学部へ

私の決意「研究者を目指す」

高校三年生になり進路を決めるとき、迷わず「研究者を目指そう」と初めて自分自身で決意しました。そのために大学の理学部を受験することにしたのです。さあ、それからが大変でした。女学校を二回飛び級して首席で卒業し、茶道やお琴を教えて家計を支えていた母は「良妻賢母」型の生き方を求めたのです。父もまた「女が学問するなんて嫁にもらい手がなくなる」と研究者への道に猛反対しました。茶道や花道を身につけて良い家庭人になる道が娘たちの最も幸せな姿であると思い、両親はそれを強く望んだに違いありません。妹は、国際線のスチュワーデスへの夢を捨てて親

【コラム2】遺伝情報の流れ（セントラルドグマ）

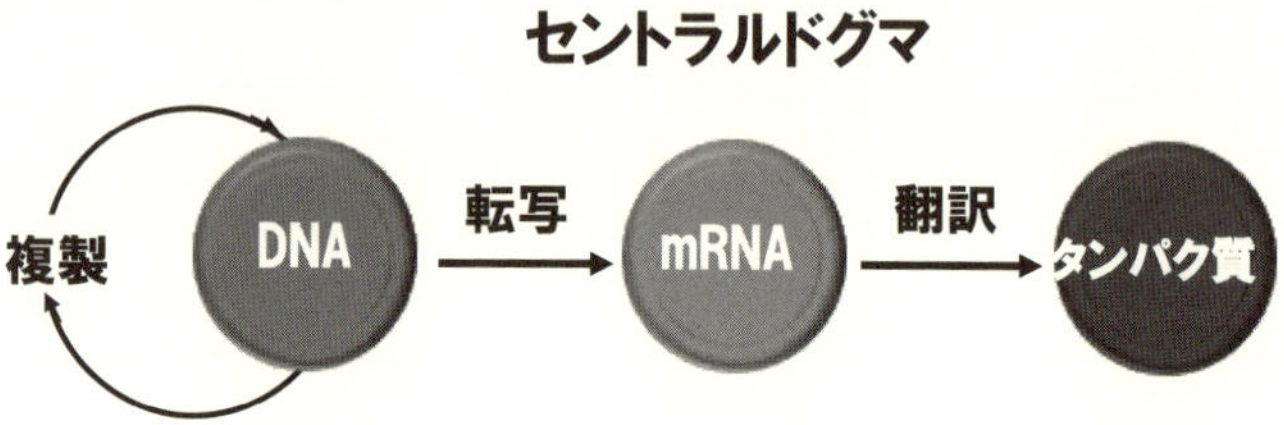

地球上の生物はすべて“DNA の遺伝情報が、RNA に写し取られ（転写）、タンパク質の構造に置き換えられる（翻訳）”という共通の原理によって生命活動を営んでいます。DNA ＝情報貯蔵物質、RNA ＝情報伝達物質、タンパク質＝機能物質であり、この原理をセントラルドグマ（中心原理）といいます（上図）。

1958 年にフランシス・クリックが提唱し、情報の流れは一方向であることを示しました。しかし、1970 年、ボルティモアとテミンらが独立に、RNA を遺伝子に持つウイルスの一部がいったん遺伝情報を DNA に逆転写することを発見したことにより、一部修正されました。

の考えに従ったのです。しかしながら、私はお茶やお琴の練習を拒否して、親の古い考えに反発し、「女が学問してなぜ悪い」と理学部進学への道を貫こうと思いました。当時は、自分の夢ややりたいことを順序立てて両親に話し、十分に話し合うという話術が乏しく、ただ反発するばかりでした。しばらくは、自宅の門に掲げられた母のお琴の教授や茶道（裏千家）の看板を見ないようにして家に入ったものです。

このようにその時代は、学業の間は自分の努力がそのまま自分に反映されるが、それ以降の進路は男女に明確な区別がありました。一般のサラリーマン家庭では、まだ女子が四年制の大学へ行くのは少なかった時代です。結婚するまで銀行勤めや会社の秘書をすればよいというのが女性の職業に対する一般的な考えで、職業選択の自由がなかったのです。しかしながら、私は自立した職業を持ちたいと切実に考えていました。女は夢を見ることができないのか、嫁に行くことが夢なのかと、悔しい思いが自分の胸をえぐりました。私は親に反発してひそかに理学部へ入る受験勉強をして自分を試そうと思いました。もちろん、長女である私は、戦前職業軍人であった父が敗戦後は公職に就けなかったため、家計の苦しさもよく分かっていました。でも、なぜか新しい生き方をする決意と夢は揺るぎませんでした。それは目覚めたものの強さだったのかもしれません。

理学部へ入学

希望通り二三倍の競争率を突破して東京都立大学（現、首都大学東京）理学部へ入学がかないました。自分の努力が実った喜びは大きいものでした。しかし、母の突然の病気入院が、時間的にも経済的にも私の自由な行動を阻んだのです。ところが、幸いなことに都立大学には昼夜開講制という制度があり、私を救ってくれました。この制度は昼間と夜間の両方で講義を開講していて、昼夜のどちらを学ぶかは自由になっていました。このように、都立大学は、学生の学びに対して自由度があり、極めて先進的な大学でした。しかも当時どの大学もそうでしたが、学問を学ぶ場所でありながら、大学組織の自主独立と日米安全保障条約をめぐる紛争の中にあったのです。そして、みんなが否応なく、そのうねりの中に呑《の》み込まれていきました。六〇年安保闘争に続く七〇年安保闘争です。学生はもちろんのこと、教官も、一般市民も、国民全体が国家の安全保障をどうするのか考えざるを得ない状況でした。

女子学生亡国論(注7)

一方で、大学の中は自由闊達《かったつ》な雰囲気に満ちていて、目黒区柿の木坂にあった教養課程ではマルクス経済学、哲学、文化人類学などの講義が私を感激させました。理学部の学生たちも、当たり前のようにマルクスの資本論や毛沢東の矛盾論・実践論を読み、実験をしながら、憲法を論じ、国政を論じ、アメリカとの関係の在り方を論じていたのです。私も近代史研究会に入って夜遅くまで議論に参加しました。しかも、教える教授は女子学生亡国論を論じている、そんな時代でした。私はいろいろな本を読み、もっとたくさんのことを知りたいと思いました。世の中は、それまで育った環境とはあまりに違っていたのです。

所属した理学部は、教養課程がある柿の木坂から少し離れて、徒歩二〇分くらいの世田谷区深沢に位置していました。学生三〇〇人中女子が五％以下しか在籍しておらず、女子トイレは後からできて男子トイレの一角にあるという状態でした。

こういう中で多感な時代を過ごした私は、「目標に向かって自分で考えて行動する」というさばさばした感覚が妙に自分に合っているように思えました。だから、女子学生亡国論の渦中でもほとんどそれに揺らぐこともなく通り過ぎてしまいました。女性としての感性が鈍かったのも一因ですが、何より大学の校風が学内女子を女性と見なさなかったのです。そんな大学の講義で大腸菌の遺伝学に出会ったのです。目に見えない細菌にも複雑な遺伝のしくみがあることに驚き、次第にサイエンスに魅せられていきました。「ああ、これだ」という思いがあったのです。

写真２　大学の研究室にて　1968年ショウジョウバエの実験に勤しむ。

分子生物学への学問転換のうねり

そのころの生物学には、「分子生物学」という分野はありませんでした。当時の生物系の学問としては生態学、発生学、形態学、集団遺伝学がその中心であり、分類学は消え去ろうとしていました。私は、遺伝子の機能の結果として個体に現れる遺伝学に惹《ひ》かれて、型の違う雄と雌を掛け合わせて生まれたショウジョウバエの表現型の数を数えては統計処理に勤《いそ》しんだものです（写真2）。学生たちは研究室に入り浸って微生物学の本を借用して読んだり、大学の古めかしい図書館に入り込んで本を探したり、進化論を論じたりしました。それは、理学部専門課程の古き良き時代でした。

研究者への入り口

ある日のこと、理学部の掲示板の隅に貼《は》ってあった微生物化学研究所（以下、微化研と略す）の非常勤研究員募集に目が止まりました。「これに応募してみよう。そこでは、もしかしたら研究をやれるのかもしれない」、そんな単純な動機で応募することにしたのです。しかし、これがその後の私の研究者としての人生の始まりになろうとは、そのときはあまり深く考えてもみませんでした。

今になって思えば、この微化研への応募は、私がその後に歩んだ研究者としての道のりのきっかけをつくりました。その後、私は四つの大きな組織、国立予防衛生研究所（以下、国立予研、National Institute of Health Japan：NIHJ）、自治医科大学（以下、自治医大、Jichi Medical School）、筑波大学（以下、筑波大、University of Tsukuba）、宇宙航空研究開発機構（以下

ＪＡＸＡ：Japan Aerospace Exploration Agency）、にまたがり、研究や教育に携わりました。そして、それぞれの場におけるさまざまな人々との出会いや経験、それぞれの組織が持つ役割を受け止めることにより、私は研究者として大きく成長していくことになったのです。

以下に、研究者としての歩み（第１章）および、大学人・組織人としての足跡（第２章）に分けて、その道のりを紹介します。

注

（注１）**ＤＮＡの相補性**　ＤＮＡの二本鎖では、塩基は必ず決まった相手と対になり、それぞれＡとＴ、ＧとＣが対になっている。二本鎖の塩基の並びは互いに相補性がある。

（注２）**Ｘ線結晶構造解析**　Ｘ線を結晶に照射すると、ブラッグの法則を満たした方向にのみＸ線が回折され、結晶構造を反映したパターンが生じる。この現象を利用して物質の結晶構造を調べることが可能である。一九一二年にドイツのマックス・フォン・ラウエがこの現象を発見した。このようなＸ線の回折の結果を解析して、結晶内部で原子がどのように配列しているかを決定する手法をＸ線結晶構造解析、あるいはＸ線回折法という。

（注３）**Nature 誌**　世界的な科学論文誌の中でも格別な存在感を保っている科学雑誌。論文誌、科学解説誌、社会を強く意識した一般科学ニュース雑誌、という三つの顔を持っている。

（注４）**mRNA**　タンパク質に翻訳され得る塩基配列情報と構造を持ったＲＮＡのこと。メッセンジャーＲＮＡとも、伝令ＲＮＡともいわれ、通常 mRNA と表記される。ＤＮＡに比べてその長さは短い。

mRNAはDNAから写し取られた遺伝情報に従い、タンパク質を合成する（翻訳するとも）。翻訳の役目を終えたmRNAは細胞に不要としてすぐに分解され、寿命が短く、分解しやすくするために1本鎖であるともいわれている。

（注5）**セントラルドグマ**　地球上の生物はすべて〝DNAの情報が、RNAを介して、タンパク質の構造ならびにその構造によって生じる機能を規定している〟という共通の原理によって生命活動を営んでいる。DNA＝情報貯蔵物質、RNA＝情報伝達物質、タンパク質＝機能物質であり、この原理をセントラルドグマ（中心原理）と呼んでいる。

（注6）**コドン**　DNAの配列において、ヌクレオチドの三つの塩基の組み合わせ（トリプレット）が、一個のアミノ酸を指定する。この関係を遺伝暗号といい、トリプレットは遺伝コード（genetic code）、コドンと呼ばれる。

（注7）**女子学生亡国論**　女子の大学進学率が上昇。文学部を中心に女子学生の比率が急上昇し議論を呼んだ。一九六二年に暉峻康隆《てるおかやすたか》早稲田大学教授は「文学部は女子学生に占領されて、いまや花嫁学校化している」と「女子学生亡国論」を『週刊新潮』誌上で展開し女性誌を中心に議論が活発化した。

参考文献

（1）『ロザリンド・フランクリンとDNA――ぬすまれた栄光――』アン・セイヤー著　深町真理子訳　草思社　一九七九

（2）『ダークレディと呼ばれて――二重らせん発見とロザリンド・フランクリンの真実――』ブレンダ・マドックス著　福岡伸一監訳　鹿田昌美訳　化学同人　二〇〇五

第1章

研究者としての歩み

薬剤耐性菌の化学・膜タンパク質の化学・微生物のゲノム科学・宇宙医学

本章では、私が研究者として四つの機関をまたいで、それぞれ四つの研究、薬剤耐性菌の化学、膜タンパク質の化学、微生物のゲノム科学、宇宙医学の研究にかかわってきた歩みを説明します。これらは、一見異なった領域であるように見えますが、どれも〝細胞の営み〟である「生命科学」の分野であることが共通しています。

1．第一のチャレンジ——薬剤耐性菌の化学

第2章に詳細は述べますが、私は一九六七年四月、国立予防衛生研究所（国立予研）に入所し、抗生物質部の部長であった梅澤濱夫《うめざわはまお》先生(注1)（写真3）の下でいよいよ研究者としてのスタートを切りました。

1—1　病原細菌と人間の知恵比べ

薬剤が効かない耐性菌の脅威

私が国立予研に入所した当時、社会においては、二つの病原体の脅威に曝《さら》されていました。抗生物質が効かない病原菌が出現したことと、ポリオウイルス(注2)や日本脳炎ウイルスなどのウイルスが蔓《まん》延《えん》したことです。戦後の復興期を経た日本経済の成長期の社会では、衛生状態が改善されるとともに抗生物質を手に入れたことにより、長い間人々を苦しめた結核や疫痢《えきり》をはじめとする多くの感染症は克服されたかに見えました。ところが、そのときはもう医療現場では、薬剤が効かなくなった

耐性菌が大きな問題となっていたのです（次ページ、コラム３参照）。

抗生物質が効かない病原菌は「薬剤耐性菌」として恐れられていました。国立予研や製薬業界は抗生物質を改良して耐性菌に備えましたが、改良しても改良しても数年後にはいろいろな菌が次々と耐性菌化して出現するのです。今でも病院内で蔓延している院内感染(注3)の原因である多剤耐性黄色ブドウ球菌（ＭＲＳＡ(注4)）という菌がいます。ＭＲＳＡは、一九六〇年イギリスではすでに発見されていました。このような状況の中で、次々に出現する耐性菌に効く抗生物質を探索すること、その耐性化のしくみを明らかにすることが、国立予研の最も大事で急を要する課題となっていました。こんな小さな目に見えない生き物が人の命を脅かすのです。人類は英知をふるって耐性菌を殺す薬を開発することになります。科学的には、菌と人間の知恵比べという面白さがあるものの、実態は人間が生き残るためにその闘いに何がなんでも勝たなければなりません。これが国立予研・抗生物質部の役割でもありましたから、仕事に携わっている者は皆その使命感で突き進んでいました。当時の国立予研では、菌が獲得したペニシリナーゼ（別名：βラクタマーゼ(注5)）が抗生物質に対してどういうタイプの変化を起こすのかを探っていたのです。

写真３　梅澤濱夫先生

【コラム3】薬が効かないしくみ

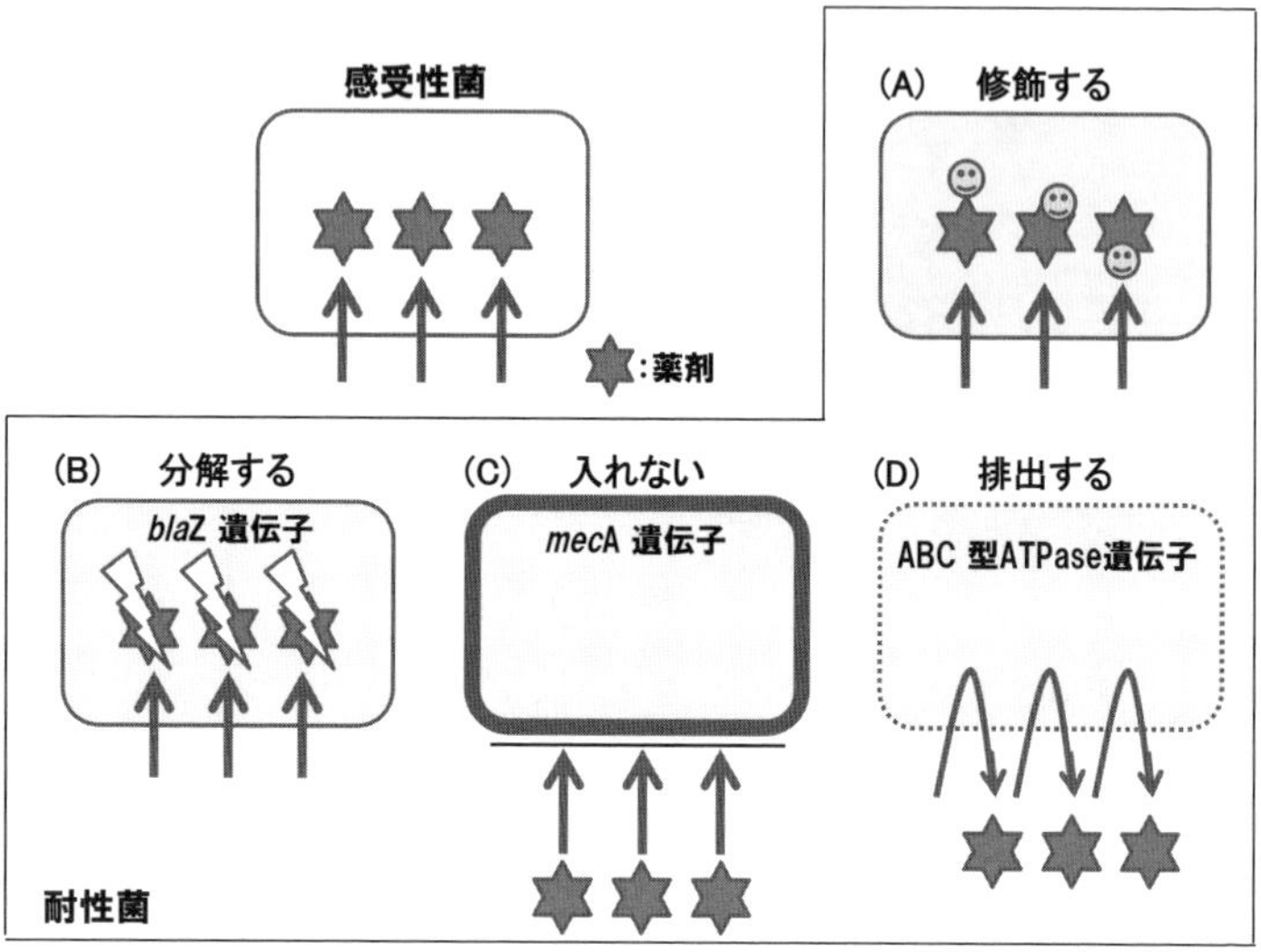

細菌が薬剤に耐性になる方法（図の枠内）は2通りあります。

1つは、細菌は入ってきた薬剤の構造にアセチル基、リン酸基、アデニル基などを化学的に結合させ薬剤を修飾して、別の物質に変えます（A）。

もう1つは、細菌自身の性質を変える方法です。これは、ゲノムに耐性遺伝子（βラクタマーゼ産生の *blaZ* 遺伝子(注6)、メチシリン耐性遺伝子 *mecA* 遺伝子(注7)、ABC 型 ATPase 遺伝子(注8)など）を外から取り込んで、薬剤を分解したり（B）、薬剤の作用点となる細胞壁の構造を変化させて薬剤を入れないようにしたり（C）、細胞内に入った薬剤を外側に汲《く》み出したりして（D）、菌自身を攻撃させないようにします。

あのわずか1μmの菌がこれら2通りの方法を変幻自在に操っています。

私が研究所に入所したのは、ちょうど抗生物質部が一丸となってこの課題に取り組んでいたときでした。この「菌と人間の闘い」は、抗生剤が発見された直後から始まり、手を替え、品を替えて今なお続いているのです。私が自分の生きる道を考え始めたころにはもう、病原菌との闘いに決着がつかず、どの病院でも耐性菌に翻弄《ほんろう》されていたのです。学生時代の私は、生命現象の根幹にかかわる研究をしたいと基礎科学にあこがれていましたが、彼らのひたむきな努力を目の当たりにして、この仕事で頑張ってみたい、社会の役に立ちたいと思うようになったのです。

明確な問題意識の必要性

さて、私は抗生物質部の菌学室において新規抗生物質のスクリーニングに携わることになりました。各地の土を集めて土壌細菌から新規の抗生物質を探すことが業務でした。私は、来る日も来る日も土壌から放線菌を分離し、抗生物質産生菌の分類を担当していました。毎週何曜日は何をやるかというスケジュールが決まっていました。部長の梅澤濱夫先生が率いる抗生物質部は、総勢三〇人余りに加えて、何人かの製薬会社の研究員が参加し、〝梅澤工場〟と呼ばれていました。梅澤先生は、私の最初の恩師であり、世界的な微生物化学者でした（後述）。部内には六つの研究室がありましたが、それぞれの部屋でやるべき仕事も決まっていました。目指す目的は、「新しい抗菌性物質を探して構造を決めること」です。それに向かって梅澤工場は動いていたのです。現象のしくみを探る大学の自由な基礎科学研究のやり方とはまったく異なっていました。ここで私は初めて、はっきりとした目標を持つ医学系の応用科学研究のやり方を知ったのです。

私は、国内外の数々の新しい抗生物質発見の渦の中、国立予研でブレオマイシン(注9)が発見された後に入所することになったのですが、その時期は日本の抗生物質研究の黄金時代でした。今になって思えば、私が国家プロジェクトの歯車の一部になることができたことは非常に幸せでした。この後に続く私の生き方に大きくかかわってきたからです。私は、そこで国家プロジェクトの何たるか、応用研究の何たるかを身をもって学びました。どのような時代背景であれ「明確な問題意識を持つこと」がいかに強い研究のモチベーションになるかということも。

1―2 〝魔法の弾丸〟からペニシリンまで(注10)：抗生物質研究の黎明《れいめい》

今でこそ当たり前のように使われている抗生物質ですが、パウル・エーリッヒがそれまでの治療法から化学の力を導入した「化学療法」の礎を築いたのは、わずか一〇〇年前のことになります。

〝魔法の弾丸〟

ユダヤ系ポーランド人であるエーリッヒは化学を学んだ医学者であり、強力なジフテリア血清をつくり出し、免疫学の研究に貢献した業績により一九〇八年ノーベル生理学・医学賞を受けています。化学に強い彼は免疫反応に頼らず、化学物質を使って直接病原体を退治することを考え出します。これには、当時エーリッヒのところへ留学していた二人の日本人細菌学者が活躍しました。志賀潔[注11]は、ヒトや動物の病気の原因となっていたトリパノソーマを殺すトリパンレッド[注12]を見いだし、秦《はた》佐八郎[注13]は、ニワトリやウサギを使って六〇六番目に試したヒ素化合物（六〇六号）が、梅毒の病原体であるスピロヘータ[注14]を完全に殺すことを見いだしました。このヒ素化合物六〇六号（サルバルサン[注15]）は〝魔法の弾丸〟と呼ばれ、熱狂的な評価を受けました。この大発見から、化学薬品を使って病原体を退治するという大規模な研究の時代が始まり、時の細菌学を主導することになったのです。

またイギリスのフレミング[注16]は、実験が終わり廃棄しようとしていた培養皿に青カビが発育し、そのカビの周りのブドウ球菌が発育していないことを見つけました。彼はこのカビがブドウ球菌を殺す物質を出すのではないかと考え、青カビを培養した培養液をブドウ球菌や他の菌に混ぜて培養したところ、どの菌もみごとにその発育が阻止されたのです。青カビの培養液中の物質はペニシリンと名付けられ、一九二九年にイギリス実験病理学雑誌に発表されました。

ついで一九四四年、セルマン・ワクスマン[注17]は土壌に棲《す》む放線菌[注18]から結核によく効くストレプトマイシン[注19]（次ページ、図1A）を発見し、ゆるぎない化学療法時代の幕開けとなりました。

抗生物質の父

若き軍医であった梅澤濱夫先生は生化学を学び、細菌学の将来を化学と結びつけて考えておられました。これはエーリッヒと発想を同じくする考えでした。梅澤先生の偉業は戦時中にもかかわらず、苦労して初めて国産のペニシリンの精製を成功させたことです（コラム４参照）。

この当時の国産ペニシリンがどのように開発されたかは、幻の著作『碧素《へきそ》』(1)に詳細に述べられています。ひょんなことからこの書籍の存在を知り、旧友の水野左敏先生(注21)から拝借して読む機会を得ました。

また、このあたりのことは、梅澤先生没後一周年に関係者が集ったときに配られた一九四三年の研究自叙伝『抗生物質を求めて』(2)にも詳しく書かれています。一九四三年といえば、私が生まれた年です。「その秋には誰もそのことには触れないが、すでに敗戦が色濃く漂っていた」とその本に書かれていました。〃そのこと〃は私の生い立ちとも重なり、暗い時代を感じとりながら、その本を読んだものです。陸軍にいた父が敗戦を予知して、必死の思いで一九四五年の終戦前に母と一歳に満たない私を上海《シャンハイ》から日本に還したと聞いていたからです。

梅澤先生は、ストレプトマイシンの発見にヒントを得ていろいろな土壌細菌から抗生物質のスクリーニングを開始し、同じように結核に効力があるカナマイシン(注22)（図１Ｂ）を発見しました。この

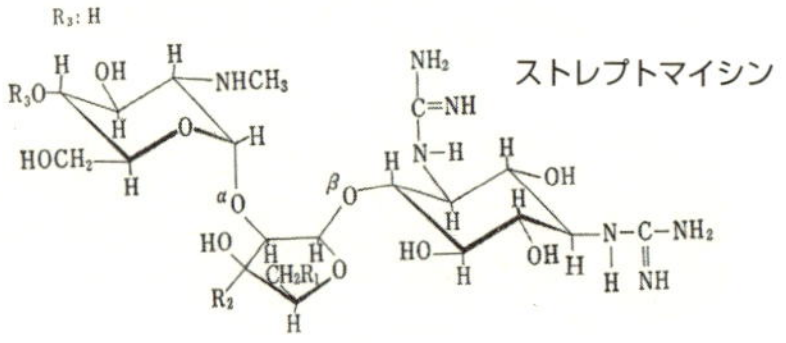

図１Ａ　ストレプトマイシンの化学構造

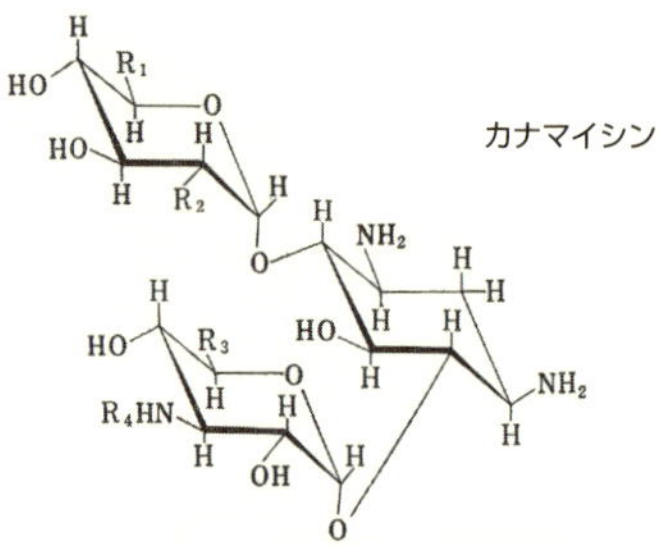

図１Ｂ　カナマイシンの化学構造

【コラム４】国産ペニシリン：碧素《へきそ》一号

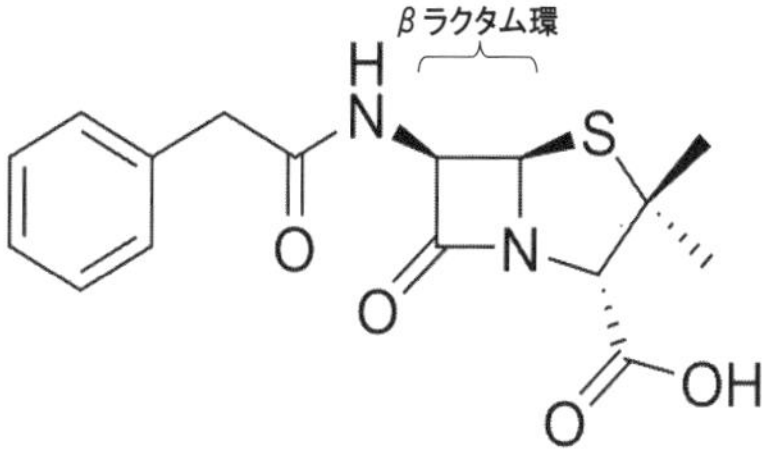

ペニシリンGの化学構造

イギリスでは、フレミングが放置していたペニシリンの再発見により純粋なペニシリン（図）を抽出する研究が進められ、1941年医学雑誌Lancet誌に報告されました。しかし、このときの研究は粗精製のレベルで、純粋な標品は得られていませんでした。

一方、日本では誰一人として薬としてのペニシリンの存在を知らなかったのです。折しも日本では真珠湾攻撃を皮切りに戦争が始まろうとしていました。そして、開戦後の日本がどんどん敗戦の道を進みだした1943年ころ、ペニシリンの開発がアメリカの最重要開発テーマ（最新鋭レーダー、新型爆弾、ペニシリン）の1つとして掲げられ、“夢の万能薬ペニシリン”の噂が流れたといわれていました。同盟国ドイツからひそかにその医学雑誌を取り寄せた軍医が、陸軍軍医学校の助手であった梅澤先生にその翻訳を要請しました。その内容は驚くべきペニシリンの効能の臨床報告だったのです。

さっそく数人の軍医幹部が集まり、国産ペニシリンの開発を進めることを検討することになりました。そこへ「チャーチル首相命拾い：魔法の薬ペニシリン」という当時の誤った新聞記事が拍車をかけ、軍医学校と大学の各分野の教授陣という組み合わせの共同研究体制が一気に成立したようです。戦時中だったので外来語「ペニシリン」の和名を学会で募集し「碧素」と命名されました。初期のペニシリンは色素が混在していて黄色だったので、欧米では“黄色い爆弾”とか“イエロー・マジック”と呼んでいたそうです。

開発の指令を受けた梅澤先生は、まずペニシリンを産生する青カビを探すことから始めました。三角フラスコ中にいろいろな所から集めた青カビ（*Penicillium notatum*）を植えては放置し、ついに176番目の培養菌液に黄色の菌膜を見いだしました。これを凍結乾燥して得た黄色の粉末が640万倍に薄めてもブドウ球菌の発育を阻止したのです。食糧がなく、培地用のブドウ糖を一匙《ひとさじ》舐《な》めては空腹を満たしながら研究した彼の努力が報われた瞬間です。この黄色の粉はさらに化学的手法で精製され、国産ペニシリン「碧素一号」となりました。これは暗い戦時中において唯一の明るい光となりました。その後日本は敗戦の一途をたどる1944年のことでした。

手法を用いて次々と新しい抗生物質が発見されました。これらの発見には、非常に多くの日本の研究者が貢献し、抗生物質の発見のみならず、その構造決定にも力を発揮しました。こうして、国立予研抗生物質部の初代部長となった梅澤先生は、〝抗生物質の父〟と仰がれて、文化勲章（一九六二年）、日本学士院賞（一九六二年）、パウル・エーリッヒ賞（一九八〇年）など、国内外の数々の賞を授与され、一九八六年に七二歳で亡くなるまで、日本の抗生物質研究を引っ張っていかれたのです。

1―3　放線菌の遺伝学のとりこに

抗生物質を産生する放線菌

研究室では、決められた仕事が終われば、論文を読んでいてもよし、勉強をしていてもよし、顕微鏡を覗《のぞ》いていてもよかったのです。抗生物質を産生する放線菌という土壌細菌の仲間は、培地上では胞子を作り、見た目にはいろいろの色をしたビロードのような表面をしていました。胞子を出す菌糸は放線菌の菌種により、単に細長く紐《ひも》状に伸びているだけのもの、金魚の鉢に入れる藻のような形をしたもの、紐が分岐していて先端がスパイラル状に巻いているものなど、実に多様な形態をしています。それを四〇〇倍の顕微鏡（接眼レンズ一〇倍×対物レンズ四〇倍）で観察するのが楽しみでもありました。私は、試験管の斜面に固めた培地（スラントという）上で分離した放線菌を純培養しては顕微鏡で眺めていました。そんなことを繰り返していると、抗生物質を産生する

写真４　多連槽恒温振とう装置　1970 年抗生物質部遺伝生化学研究室にて。

可能性がありそうな菌が、どんな色をして、どんな形の菌糸を持ち、どんな生え方をしているかが形態的に何となく分かるようになるのです。

一方、スクリーニングの過程では、分離した放線菌を液体培地入りの坂口フラスコ(注23)で培養し、その培養上清がどの病原細菌の生育を阻止するかを調べるのが最初のステップになります。私はそこで初めて病原細菌に出会ったのです。対象とする病原細菌は、いずれも当時の社会で問題視されていたものばかりでした。当然のことながら、私はそれらの細菌類の培養方法について手ほどきを受けました。病原性のある細菌だから、コンタミネーション（contamination、人や場所を含む実験汚染）に最も気をつけなければなりません。

そのためには、完璧《かんぺき》な無菌操作が求められました。私はここで実験技術の重要さを学んだのです。

こうして、持ち前の粘りで職人技を身につけるべく頑張っていたところ、製薬会社の研究所から移られた岡西昌則先生(注24)を室長とした「遺伝生化学」研究室が創設されて一緒に配属されることになりました。写真4はそのとき開発にかかわった多連槽恒温振とう装置の宣伝として雑誌に載ったものです。

理系サイエンスの基本的なアプローチの仕方

私の日常の仕事は、培地を作っては抗生物質産生能がある菌株を植えて次の試験に備えることでした。繰り返しの作業の中で、保存のために高い抗生物質産生能のある放線菌を継代培養していくと、分離した当初は産生能が高かったのに、やがて抗生物質を産生しなくなることに気がつきました。先輩には「手技が悪いのではないか」と言われて再現実験に奮起しました。しかし、どんなに丁寧に植え継いでも初めは抗生物質の産生が良いのに繰り返すと産生しなくなり、同じようにビロードのような胞子も付けなくなって培養表面がはげてくるのでした。同じ理学系生物学分野の出身であった岡西室長はこのことを見逃してはいませんでした。遺伝学にのめり込んでいた私は、これは遺伝子の座の問題ではないか、と思っていました。つまり、抗生物質産生能と胞子形成能に関係する遺伝子は近い位置にあって、いつも一緒に行動しているのではないか。しかもその能力は脱落して行くので転移性の因子ではないのか。私たちはこのような仮説を立てたのです。次に、どのような条件が脱落という同じ行動を一緒に引き起こすのかを調べました。これが室長の意見とも一致して新しい遺伝生化学的発見となり、論文として発表しました(3)。

このように、理系サイエンスの基本的なアプローチの仕方というのはある現象を見つけると、次のような手順で研究を進めるのです。

「現象解明の仮説を立てる↓仮説を立証する実験を行う↓考察して結論を導く」

そして、その実験データを信用してよいかどうか、あの手この手で追試験を行うのです。当時は、まだ遺伝子操作技術の概念がなく、転移性のＤＮＡの断片である「プラスミド」(注25)も、遺伝子発現のしくみも分かっていない時代でした。この発見は、私が初めて名前を連ねた記念すべき論文となったのです。しかも梅澤先生、岡西先生と太田との共著で発表されたのです。この論文こそ、今の組換えＤＮＡのさきがけとなった論文です。

一つのことを長く継続していると多くのことに気がつくものなのです。「継続は力なり」です。また、実験の組み立てには明確な問題意識を持つことが大切です。しかも、こうした論理的な考え方は、経験を積めば積むほど上手になっていきます。従って、サイエンスは、論理思考、感性（センス）、根性（健康）さえあれば、研究者の性別は無関係なのです。分からなかったことを自分の手で明らかにする（仮説を立証できた）喜びは誰にも奪うことはできません。その一点が研究の世界にはまる理由です。そのときは分かりませんでしたが、後年、そのことを実感することができました。

海賊本で学ぶ

ちょうどそのころ、大腸菌の接合による遺伝や大腸菌に感染するウイルス（ファージ[注26]という）が運ぶ因子の研究が盛んで、研究所では化学部の部長であった富澤純一先生[注27]のグループで、新進気鋭の研究者たちが日夜精力的に研究を進めていました。抗生物質部の私たち若手は、前述した『細菌の性と遺伝』の輪読が精いっぱいでした。

そして、半年に一度くらいの割合で、風呂敷に厚ぼったい洋書をかついでやって来る小父さんから、お小遣いをはたいて洋書を購入して勉強したのです。俗称「海賊本」です。洋書の原本は高く、多くの研究者はなかなか購入できなかったのです。ところが、海賊本は高くても三〇〇〇円くらいで手に入りました。今でいうコピーで、黒か紺色の布で製本され、表紙には何も書いてありませんでした。今はインターネットを開けば、どんな情報でも一瞬にして入手できる時代ですが、当時の若者は海賊本で海外の情報を知ろうとしていたのです。私も例外ではなく、次はいつ来るか分からないその小父さんの訪問を心待ちにしていました。大きな風呂敷包みをかついで小父さんが現れると、その情報は関係者に伝わり、今度はどんな本があるのかワクワクしてみんなが集まってきたものです。この人がどこから来て、どのような商売をして、どこへ行くのか、誰も問いかけることもなく、新しい息吹を運ぶとても貴重な人として話を交わしていました。これが、貧しいけれど、新しいものを求めたその時代のハングリーな若手研究者の姿でした。

2. 第二のチャレンジ——膜タンパク質の化学

私は、抗生物質でも完治できなかった難治性感染症の腎《じん》盂《う》腎炎《じんえん》(注28)に罹《かか》りその後遺症に悪戦苦闘し、ついに国立予研を辞職し、三年間研究から遠ざかりました。その休養の詳細は第2章、第3章で述べますが、その間にさらに二人の息子を授かり、子どもの成長とともに健康が復活した私は、宇都宮大学の講義を聴講して頭のリハビリをしながら、恐れずに第二の研究にチャレンジしたのです。

国立予研時代の細菌部の先生から、自治医大の生物学の長野敬教授(注29)が人を探しているという情報をいただいたからです。長野教授は生命科学関連の多くの著書があり、「生体膜のタンパク質研究」をしておられる先生でした。タンパク質の研究は、それまでの遺伝子関連の研究手法とは違っていたのですが、生命科学分野では遺伝子とタンパク質は司令塔と実行部隊の関係（14ページ、コラム1参照）にあることから、私にとってタンパク質化学の研究は絶好の機会となったのです。

2―1　生体のエネルギーを変換する酵素

エネルギーはＡＴＰにある

ヒトは約四〇兆個の生きた細胞でできています。「生きている」という現象が分子のレベルで理解できるようになった一九七〇年代の生化学の分野では、「生きている細胞はどのようなしくみでエネルギーを獲得するのか」ということが命題でした。エネルギーは体を動かすあらゆる生命活動に使われます。エネルギーの素であるご飯を食べ、それが分解されて炭酸ガスと水になり捨てられるまでに、どのようにエネルギーは作り出されるのでしょうか。その通貨となるのが細胞内のＡＴＰ（アデノシン三リン酸[注30]）という物質です（図２）。つまり、ＡＴＰの数が多いほどたくさんのエネルギーが貯まるのです。

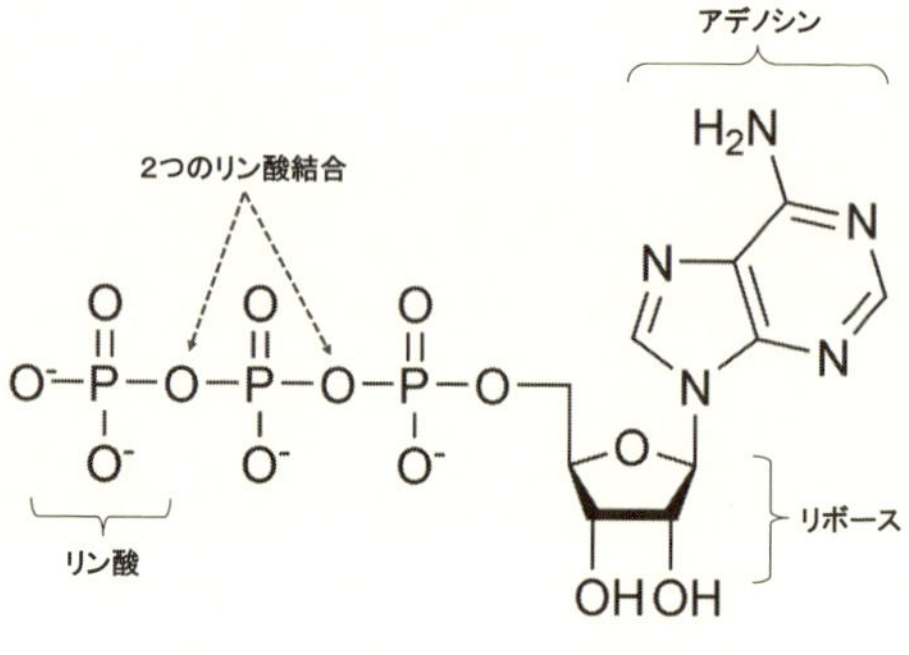

図２　ATP の化学構造

ＡＴＰはリボース[注31]と呼ばれる糖部分に三分子のリン酸が付いていて、二個のリン酸結合を持つ化合物です。このリン酸結合には高いエネルギーが蓄積されていて、ＡＴＰが酵素（ＡＴＰ分解酵素：ATPase[注32]）により加水分解されると、リン酸が離れて高いエネルギーが生じるのです。通常、炭水化物が、体内で分解（代謝）されて呼吸反応（ＴＣＡサイクル[注33]）が終わるまでに、反応に使われるＡＴＰと産生されるＡＴＰの数の収支を計算してみると、一分子のブドウ糖（炭水化物のうち、最も単純な糖）から三八分子のＡＴＰが生み出されます。このＡＴＰから放出されるエネルギーを使って、細胞は生命活動をしています。

生体膜[注34]の働き

個々のタンパク質を活性がある状態で取り出して、その活性の動きをいろいろな条件で調べ、生命現象を化学的に明らかにしようというのが「生化学」という学問です。「生命現象」を分子の動きとして捉えることができる「動的生化学」は難しそうですが、ワクワク感のある面白味のある分野でした。それは、私が学生時代に聴いた、京都大学から非常勤講師で来られていた早石修先生[注35]の特別講義「動的生化学」の名講義を思い出させました。その私が、研究として難しい分野のタンパク質を扱うことになろうとは夢にも思いませんでした。私はそれまで、タンパク質を扱った経験がありませんでしたが、「膜タンパク質 Na^+, K^+-ATPase[注36]のイオン輸送に関する研究」が長野グループの中心的な研究テーマでしたから、それを目指すしかなかったのです。怖いもの知らずであった私は、新しいものに触れる怖さよりも、未知のものを開拓する楽しさのほうが先に立ちました。

膜にある各種のATPaseの仲間は、ATPを分解して生み出したエネルギーを利用して、膜を隔てた物質の出し入れ、つまりポンプの役割をしています（次ページ、コラム5参照）。細胞の膜は「生体膜」とも呼ばれ、単に細胞の内外を隔てている構造物ではなく、細胞にとって重要な〝動的な働き〟をしているのです。このように、イオンや物質などの低分子を濃度勾配《こうばい》に逆らって運んだり、細胞外からのシグナルを受け取ったり、細胞膜の一部を取り込んで細胞内に運んだりしている膜に埋め込まれたタンパク質を、総称して「膜タンパク質」と呼んでいます。

【コラム5】細胞膜にあるポンプタンパク質

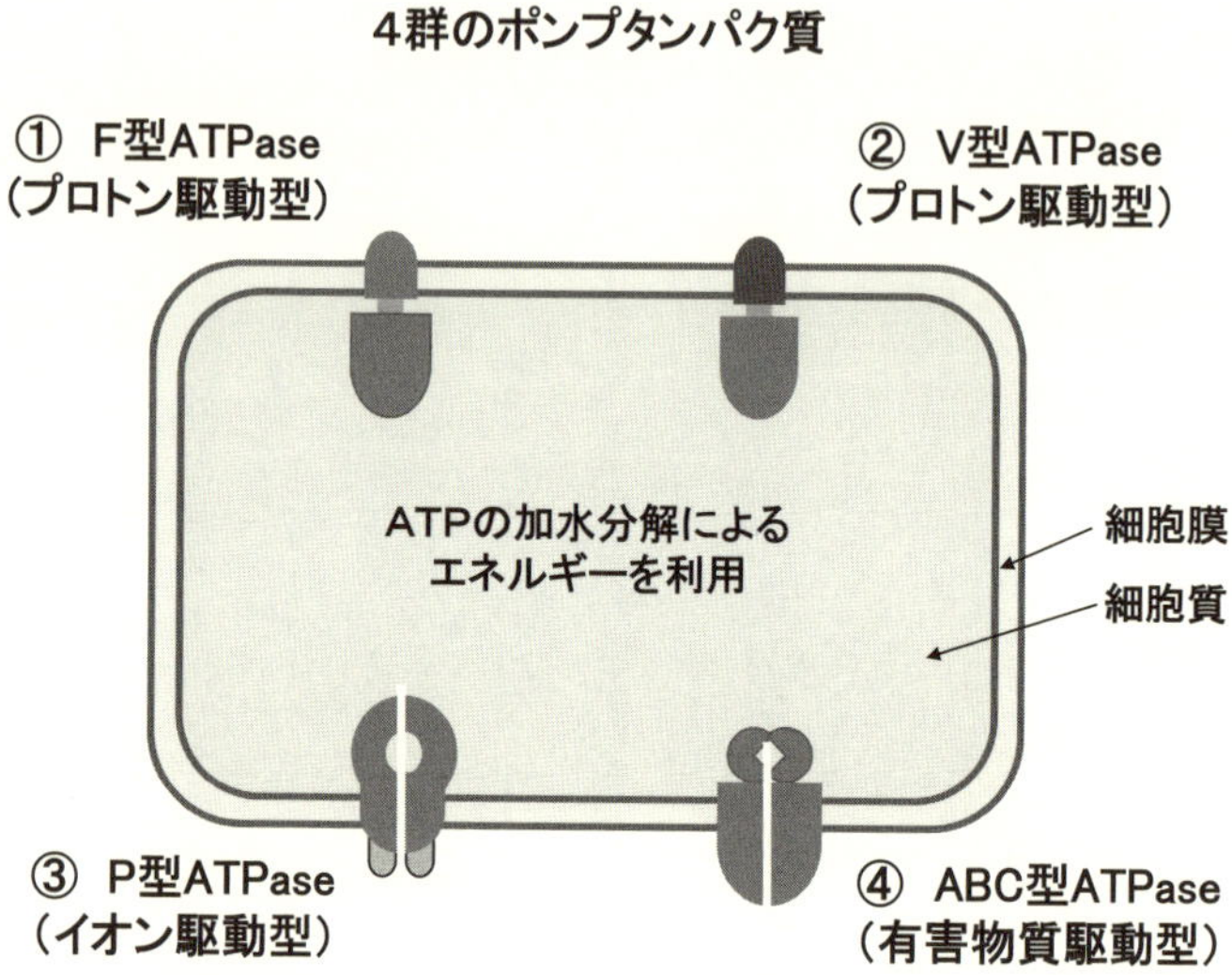

細胞は、拡散のような受動的な輸送と異なって、物質の濃度勾配に逆らって物質を細胞膜の内外に能動的に輸送しています。細胞膜に埋め込まれている膜ATPaseと呼ばれる輸送タンパク質がその役割を担っています（図）。

この膜のATPase は、ATP分解のエネルギーを利用して膜内外の電気化学的勾配に逆らって、ポンプのように物質を細胞膜の内外に能動的に輸送しているので、「ATP駆動ポンプ」と呼ばれます。

ポンプタンパク質には、４群のATPaseファミリー（①F型ATPase群　②V型ATPase群　③P型ATPase群　④ABC型ATPase）があります。F型はミトコンドリア膜に存在するF_0F_1-ATPase、V型は細胞内の液胞膜（vesicle膜）に存在するH^+-ATPase、P型は形質膜（plasma膜）に存在する各種イオン輸送ATPase、ABC型は２つのATP結合部位を持つ輸送ATPaseを指しています。これらのATPaseは輸送するイオンによって、Na^+, K^+-ATPase、H^+-ATPase、H^+,K^+-ATPase、Ca^{2+}-ATPase（注37）などとも呼ばれます。

膜タンパク質の精製

当時の生化学者は、個々の酵素タンパク質に注目し、他のタンパク質の混じり物を除いて、いかに高い活性を保ったまま酵素の純品として精製するかということにしのぎを削っていました。細胞のタンパク質全体の半分以上が膜と関係しています。このことからも、細胞にとっていかに「膜」が重要であるかが分かります。

膜から埋め込まれているタンパク質を引き離すには、ラウリル硫酸ナトリウム(注38)などの界面活性剤(洗濯用の洗剤のようなもの)を必要とします。しかし、この界面活性剤はタンパク質の変性剤でもあります。そこで、活性(変性していない)があり、かつ純度の高い膜タンパク質を得るためには、その精製方法は多分に「匠《たくみ》の技」が求められました。何も言わない相手の状態を判断しながら取り出していくという実験作業は、私のように何かをつくり出すことが好きな女性に極めて向いていました。これが、後に仲間内で「黄金の腕」と持ち上げられて、多くの人々と一緒に研究を進める原動力になったのです。

精製した酵素は、SDS(注39)ポリアクリルアミドゲル電気泳動法(以下、SDS-PAGE(注40))と呼ばれる方法により、その純度を確認することができます(次ページ、コラム6参照)。これにより、得られた酵素はほとんど構成物以外の他のタンパク質を含んでいないことが分かります。

【コラム6】SDS ゲル電気泳動法：タンパク分子を可視化する SDS ポリアクリルアミドゲル電気泳動法 (SDS-PAGE)

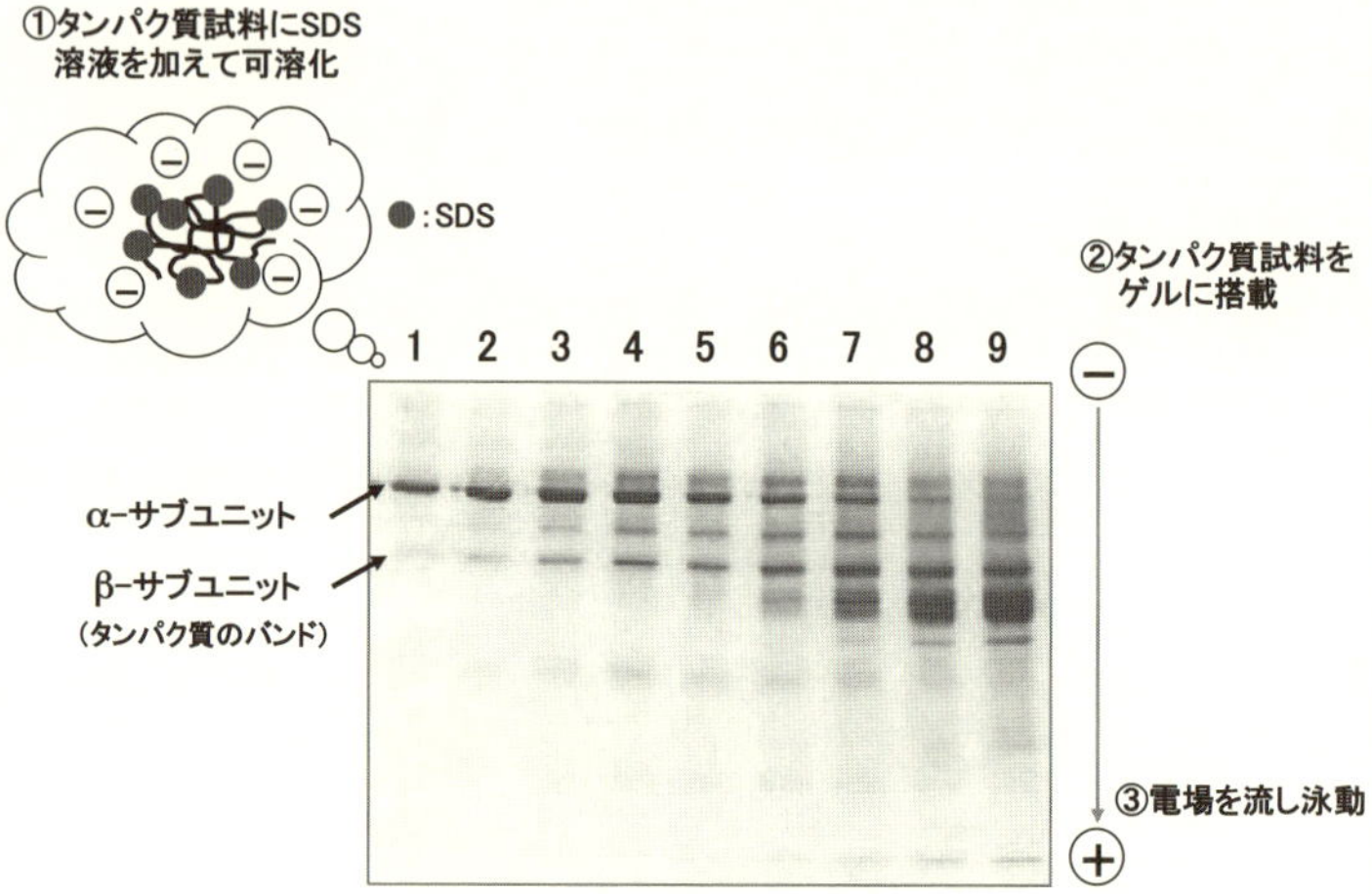

Na^+,K^+-ATPaseのSDS-PAGEパターン

SDS ゲル電気泳動法（SDS-PAGE）は、試料を界面活性剤 SDS（Sodium dodecyl sulfate：ドデシル硫酸ナトリウム）でタンパク質の構造を変性し（①）、変性タンパク質試料をゲルに載せ（②）、上下をバッファーに浸してあるゲルに電場を流す（③）と、負に荷電しているタンパク質は陽極側に動くことを利用して、タンパク質の分子を分けるタンパク質研究の基礎的な方法です（図）。

陰イオン系界面活性剤である SDS 存在下では、SDS は水溶性タンパク質 1 g 当たり約 1.4 g 結合し、全体としてタンパク質は負に荷電します。ポリアクリルアミドゲルは細かい網目状になっているため、タンパク質の分子が小さいものほど速く動きます。タンパク質分子はその大きさに従って分離することができます。

このゲルをクマシーブルリアントブルーと呼ばれる青色色素で染めて余分の色素を 7%程度の酢酸アルコールで脱色すると、肉眼では見ることのできないタンパク質の分子をバンドとして見ることができます。目的タンパク質の分子量測定や純度の確認などに使われます。図は、ゲルろ過カラムで分けた Na^+, K^+-ATPase の分画（図の番号は各分画）を泳動したパターン例で、No.1 と 2 のレーンが純度の高い分画です。

2—2　Na^+, K^+-ATPase の活性部位

活性部位のペプチド[注41]精製

そこで、酵素タンパク質の取り扱いに慣れてくると、タンパク質がわが子のように可愛くなり、Na^+, K^+-ATPase の活性部位はどうなっているか、もっと正確に知りたいと思うようになりました。

当時は、Na^+, K^+-ATPase は極めて水と混じりにくい性質だから、混ざりものの少ない Na^+, K^+-ATPase を得ることも、そのペプチドを単離することも、難しいと考えられていました。そこで、私は何とかきれいな酵素を得るために、来る日も来る日も犬の腎臓の外髄質と呼ばれる部分の組織を切り出し、その細胞からきれいな Na^+, K^+-ATPase を精製することに明け暮れていました。

酵素は、基質（分解する物質）と作用する酵素タンパク質が、「鍵と鍵穴」の関係になっていることが知られています。鍵＝基質で、鍵穴＝酵素です。基質と酵素が結合する部分を「活性部位」と呼んでいます。活性部位は、いくつかのキーとなるアミノ酸が集まって基質がはまりやすいように受け皿のようなポケットを作っていると考えたらよいでしょう。

その酵素タンパク質をアミノ酸がつながった一本の鎖に引き伸ばすと、活性部位のキーとなるアミノ酸を含む短い断片のペプチドが切り出されてくるはずです。活性部位のアミノ酸を何かで目印ができれば、どれが活性部位のペプチド断片であるかが分かります。幸いなことに活性部位だけに結合する放射能ラベルされた物質があることが分かりました。

私は、ペプチドを分離するために実験の鬼になって働きました。ついに、地道な肉体労働の努力が実り、ラベルの入ったペプチドの単離に成功したのです。図はある日の記録ノートからとってきた生データです（写真5）。こうしてNa^+, K^+-ATPaseの活性部位のアミノ酸が特定されたのです。

PNAS誌[注42]編集者による絶賛

この活性部位を含む領域は、Nature誌に発表したNa^+, K^+-ATPaseのアミノ酸配列から、一次構造[注43]上の位置が分かりました。しかも、P型およびV型ATPase（40ページ、コラム5参照）のどのATPaseでも同じ配列を持っていることが明らかになったのです。このNature誌に少し遅れて一九八六年PNAS誌に掲載され[4]、レフェリーに絶賛されました。しかも、その論文で私が描いたNa^+, K^+-ATPaseのαサブユニット[注44]とβサブユニット[5]の推定構造モデルは、アメリカの生化学の教科書の原型にもなっています。このように、地味な「化学修飾[注45]」という方法で頑張っていた私の研究は、細胞膜を貫通している各種ATPaseの活性部位を予測することに大きく役立ったのです。しかも、このペプチド精製の技術は、後述する遺伝子クローニングの研究にそのまま役立ちました。このように結果は後からついてくるものです。

学内の先端技術の恩恵

この研究の成功には、当時の生化学の先端技術であった高速液体クロマトグラフィー

写真５　活性中心ペプチドの単離・精製
　疎水カラム・クロマトグラフィによる活性中心ペプチドの単離（右）とラジオアナライザーによるアイソトープ（注46）取り込み位置（矢印）。

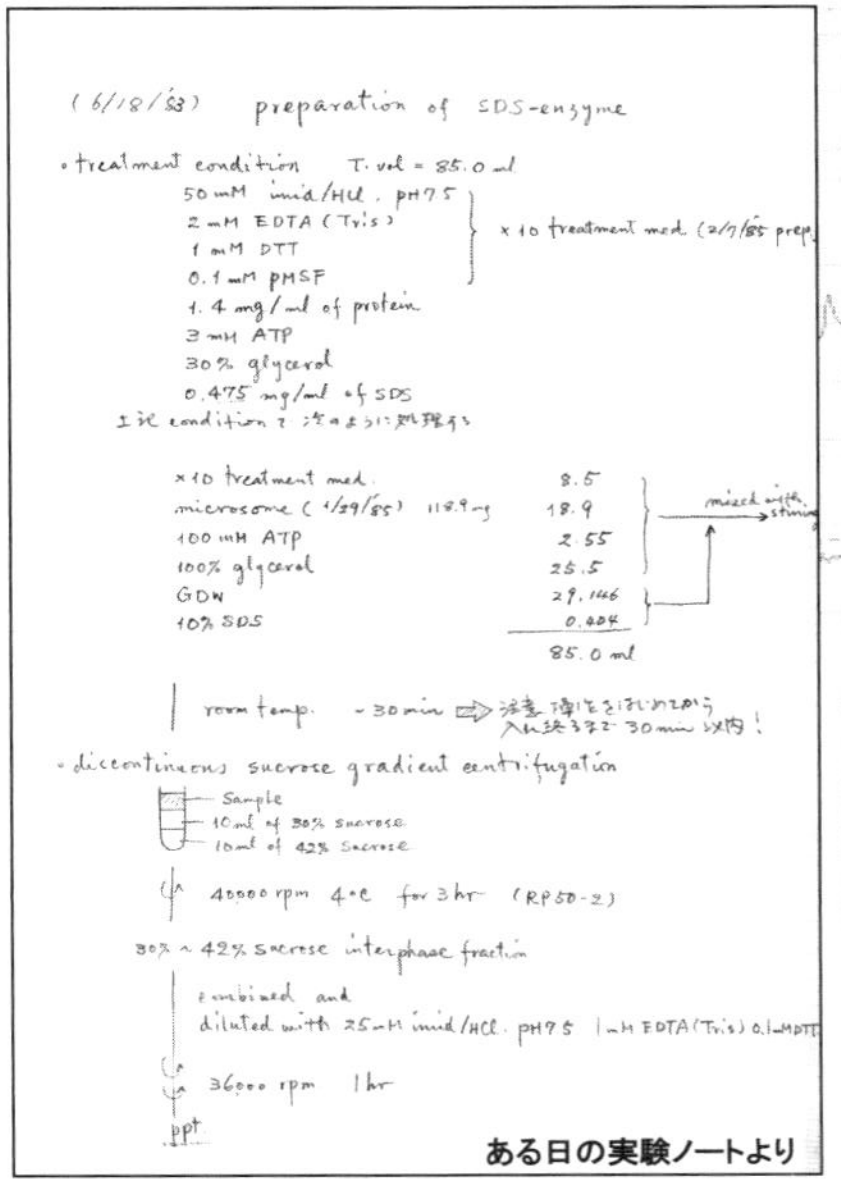

ある日の実験ノートより

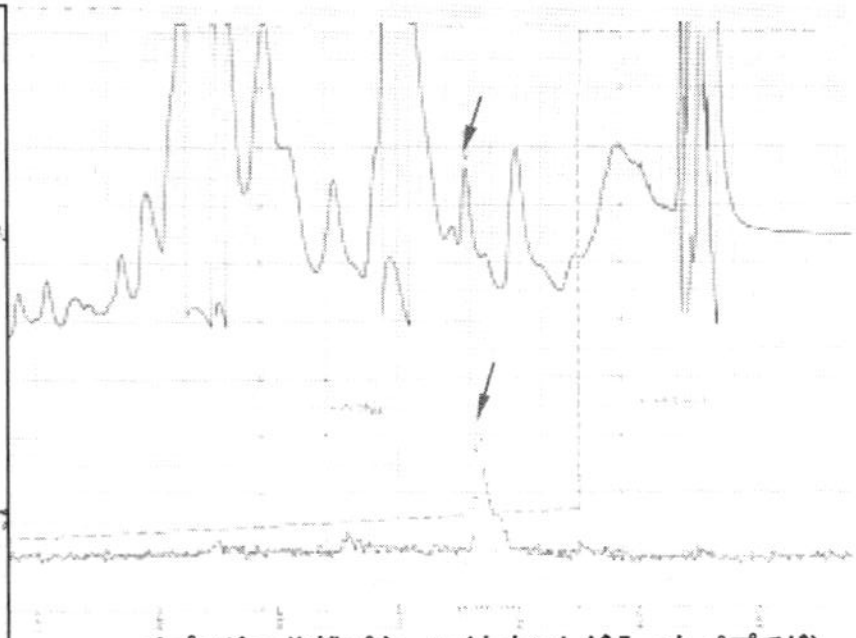
ペプチドの分離パターン（カウントが入ったペプチド）

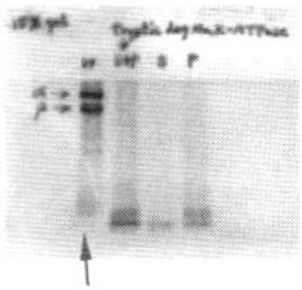
精製物の電気泳動像

写真６　自治医大の実験室にて　1985年 吉田賢右先生との実験風景。

（ＨＰＬＣ）[注47]による純度の高いペプチドを単離する技術や、ラジオアナライザー[注48]、およびプロテインシーケンサー[注49]を駆使しての解析が威力を発揮しました。自治医大はまだ開学して間もなかったこともあり、基礎系は研究室間に壁がなく、学内の教員同士が仲良く協力し合って運営されていました。特に生化学教室は、最先端の解析機器が備わっていて、基礎系のみならず臨床系を含めた学内研究者の実験拠点となっていたのです。研究者は自由に出入りし、機器を使って研究を進めていました。これは生化学教室の香川靖雄教授[注50]（現、女子栄養大学副学長）をはじめとして教室の先生方の懐の深さによるものでした。私もまた、生化学の講師であった吉田賢右先生（後に東京工業大学教授）に絶大なるご指導を受けました（写真６）。私は自治医大の黄金時代の時期にそこに居合わせたのですが、これら周りの人々の支援こそが研究の成功を導いたのです。

2―3　ナトリウムポンプ[注51]の遺伝子クローニング[注52]に挑む！

ナトリウムポンプタンパク質の構造が分かった

一九八五年六月二一日、ついにNature誌に私たち日本チームの論文「膜酵素Na^{+}, K^{+}-ATPaseの遺伝子クローニングによる一次構造決定[6]」の掲載が決まりました。投稿論文を発送してから約二カ月後のことでした。

掲載が決まるまでの間、アメリカとカナダが組んで投稿するらしい、一次構造（タンパク質のアミノ酸配列）の決定だけでなく新たな発見があるらしい、Na^{+}, K^{+}-ATPase（ナトリウムポンプ、細胞膜にある酵素）の一次構造だけでは厳しいらしい、やっぱり日本は英語で負けるかも等々、いろいろな噂が飛び交い、私たち当事者を不安に陥れたことはいうまでもありません。

ナトリウムポンプのクローニングは日本がリードしているという情報を得たアメリカは、精製酵素を持っているカナダと組んで、細胞内にある小胞体（ER[注53]）と呼ばれる器官の膜のポンプであるカルシウムポンプ[注54]（40ページ、コラム5参照）に切り替えて対抗してきたのです。こうして、日本の小さな研究室の小さなチームから始まった研究は、世界における〝二大イオンポンプ：ナトリウムポンプとカルシウムポンプのクローニング対決〟に発展しました。

そして、Nature誌の編集者は、先に投稿した日本チームの論文を待たせておいて、「二大膜タンパク質イオン輸送ポンプのクローニングに成功」というトピックスのふれ込みで、同じ号のNature 誌に日本とアメリカの二つの論文が同時掲載されたのです。

研究のきっかけ

ちょうどその一年半ほど前です。薬理学の講師であった野島博氏（現、大阪大学教授）が高血圧の研究でラットの腎臓の Na^+, K^+-ATPase を精製してほしいと私の所にやって来ました。そのころ、Na^+, K^+-ATPase の研究について、私といろいろ話をする中で彼は何気なく言ったのです。

「いっそのこと、クローニングして遺伝子から攻めたほうが早いんじゃないの」

「うーん、そうかもね。でも cDNA[注55]（相補的なＤＮＡ）ライブラリー（多種の遺伝子クローンの集合体）がいるわよね」と私。

「今、アセチルコリンレセプター[注56]をクローニングした京大の沼研（京都大学沼正作教授[注57]の研究室）にはライブラリーが絶対あるはず。頼んでみたら？」

当時の遺伝子クローニングは、今と違って精製タンパク質のペプチドの配列がつり針となっていました。従って、精製タンパク質を持ち、かつ、質の高いcDNAライブラリーを持っているグループが遺伝子クローニングの勝利の鍵を握っていました。cDNAライブラリーというのは、細胞の中で発現しているメッセンジャーＲＮＡ（mRNA）を、酵素を用いて相補的なＤＮＡ（cDNA）に合成し、大腸菌などのベクターＤＮＡに組換えＤＮＡ技術[注58]（50ページ、コラム7参照）でつないだもの（組換え体という）の集合体です。これら組換え体を増やして得たＤＮＡの塩基配列を決めることを遺伝子クローニングといいます。

アセチルコリンレセプターとNa^+, K^+-ATPaseのタンパク質はともに電気ウナギのエラに多く分布しています。従って、この電気ウナギのcDNAライブラリーの中には、この二つのタンパク質のcDNAがともに多くあるはずです。沼教授らは電気エイ*Torpedo californica*からアセチルコリンレセプタータンパク質とcDNAライブラリーを調整して、クローニングに成功したのです。そこで、同じcDNAライブラリーを利用すれば、その中から遺伝子を釣り上げられる可能性は極めて高いのです。タンパク精製の技術を持つ自治医大と電気エイのライブラリーを持つ京都大学が組めば、世界に挑むことが可能になります。いわば、遺伝子クローニングは「釣り堀の釣り」と同じようなものです。

もともと遺伝子の畑にいた私は、その研究の高い可能性を直感し、教室のミーティングで提案したのです。何とクローニングに挑戦することがあっさり決まってしまったのです。自治医大生物学のグループと千葉大学生物学のグループは、さっそく京都大学の沼教授に共同研究を申し込んでNa^+, K^+-ATPaseの遺伝子クローニングに挑戦したのです。膜タンパク質の一次構造がまだ世界中どこでも決められていませんでしたから、これは世界に挑戦することでもありました。沼正作先生もご自身の経験からその成功を直感したに違いありません。

【コラム7】組換え DNA 技術

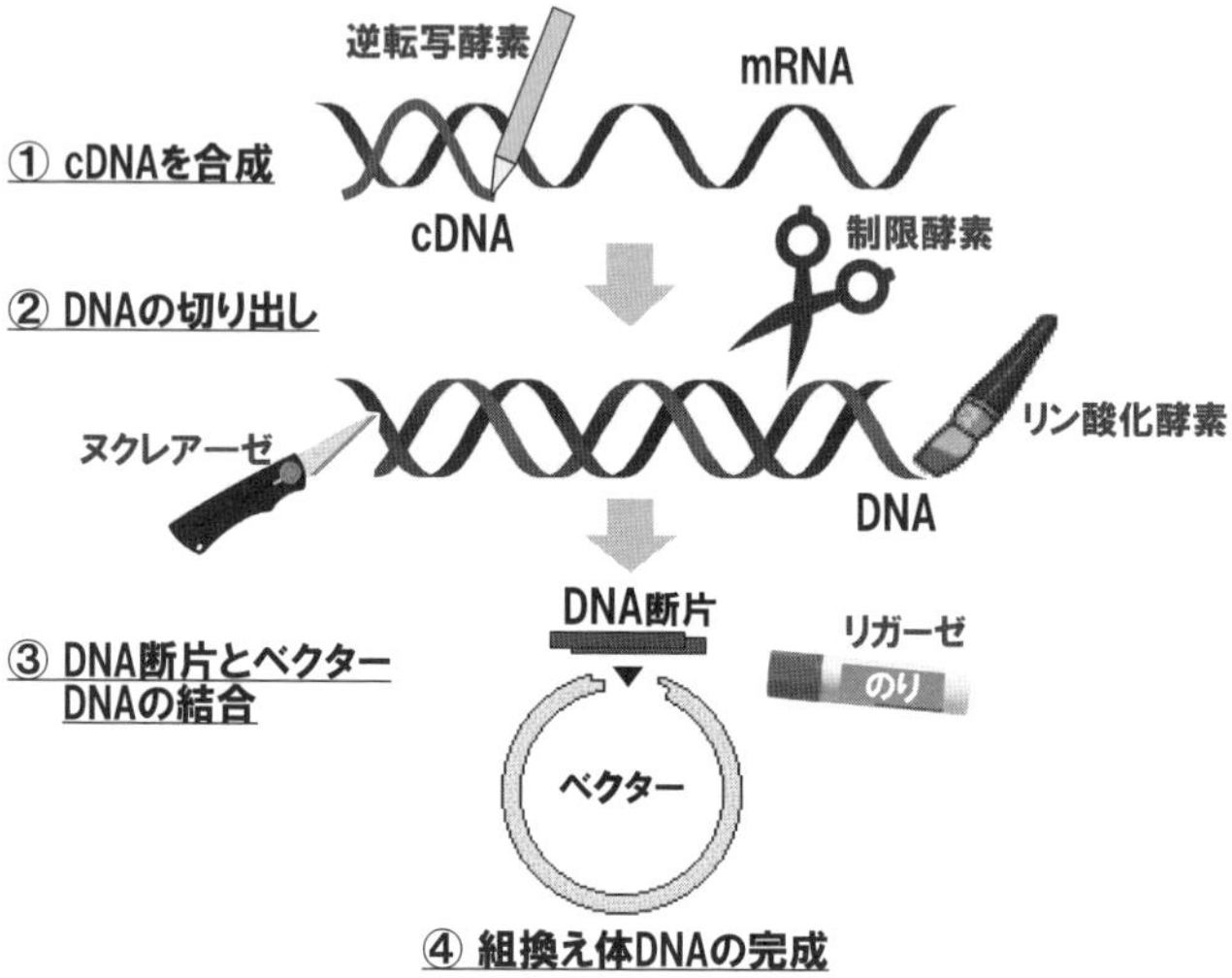

組換えＤＮＡ技術は、遺伝情報を担っているＤＮＡを生物に新たに組み込んだり、細胞から取り出したＤＮＡに手を加えて元の細胞に戻したりする技術です。

細胞では通常、遺伝子は DNA から作られたメッセンジャー RNA という形で発現しています。そこで、細胞から mRNA を抽出し、逆転写酵素（注 59）を用いて cDNA を合成します（図①）。これを試験管内でハサミとなる制限酵素（注 60）という酵素を用いて DNA 断片を取り出します（図②）。ついで、細胞内で複製ができる運搬体 DNA と呼ばれる分子（ベクター）にノリシロを作る制限酵素で切り込みを入れ、その部位に取り出した DNA 断片を連結酵素（DNA リガーゼ（注 61））で連結します（図③）。できた新しい分子を「組換え体 DNA」と呼びます（図④）。

この技術を利用して、遺伝子 DNA 断片をベクターにつないだ組換え体を増やして、遺伝子の配列を決めることができます。また、切断した DNA の末端の一本鎖部分を削るヌクレアーゼや、遺伝子増幅器で合成した DNA の末端にリン酸を付加してベクター DNA に結合できるようにするリン酸化酵素が必要な場合があります。

つまり、DNA を加工するには４つの道具が必要です。逆転写酵素（写す）、制限酵素（切断）、ヌクレアーゼ（削る）、リン酸化酵素（塗る）という４種類の酵素です。

闘いの火ぶた「時は今」

三つの大学でそれぞれ得意な作業を分担しました。酵素の精製は千葉大学、ペプチド精製とそのアミノ酸配列決定は自治医大、塩基配列の決定は京都大学が分担し、〝日本の Na^+, K^+-ATPase クローニングチーム〟が結成されました。こうして、ついに闘いの火ぶたは切られたのです。今から三〇年前の一九八四年初めのことです。

当然のことながら、まず純度の高い Na^+, K^+-ATPase 酵素がなければ話になりません。千葉大学では大学院生であった野口俊介氏（現、産業医科大学教授）がシビレエイから Na^+, K^+-ATPase 酵素を精製し、自治医大では私がその精製タンパク質からペプチドをＨＰＬＣで分離し、アミノ酸配列を決定しました。ペプチド断片の配列から塩基配列を推定できます。この推定した塩基配列が「釣り針」となり、cDNA クローン(注62)の中から相補性のあるクローンを釣り上げることができます。できるだけ数多くのペプチドのアミノ酸配列があれば標的遺伝子の塩基配列の精度を上げることができるのです。

私の担当する実験が律速になることを恐れて、私は毎日必死になってペプチドの解析を行いました。あせるな、はしょるなと、わが身を叱咤《しった》しながら、毎日、気が気ではありませんでした。一九八五年の年が明けると間もなく、京都大学に出張して実験を進めていた自治医大の川上潔氏に千葉大学の野口氏が加わり、塩基配列を決める作業の完成の見通しがついてきました。そのころは、塩基配列を決めるのにサンガー法(注63)は一般的ではなく、技能を要するマキサムギルバート法(注64)が使われていたため、これが大変な作業でした。関係者全員が総力を挙げて働きました。

Nature誌論文作成のとき

実験には厳しかった沼先生から勅命が下りました。いよいよ論文作成のときが来たのです。

「Figure 1はペプチドの精製とアミノ酸配列解析の図です。描いてください」

沼先生の容赦のない強烈な言葉に震える日々が始まりました。

「データは客観的に誰にも説明でき、自画自賛じゃ駄目なんだよ。描き直し」

実験ノートやデータのファイルは五センチ幅のキングファイル数冊に上り、この中からFigure 1にするデータをたった一つだけ選び出しました。ペプチドの分離・精製にはHPLCの解析装置に連結する記録計によるペプチドの分離パターンのチャートを何日もかけて当時の描画器具で描き、自信作を京都へ送りました。しかし、返ってきた返事は却下でした。

「手描図は書いた人の恣意《しい》が入るから駄目だ」

「機械の記録チャートをゼロックスして罫線《けいせん》のみ修正液で消したものを作りなさい」

これは手間のかかる作業でもあり、いろいろ工夫してみましたが、イメージするような図になりませんでした。結局、クロマトグラフの図はやめて、Figure 1は、各ペプチドの配列を示すアミノ酸の回収率をグラフで表すことで了承を得ました。これがNature誌の論文のFigure 1です。この研究論文が自治医大における研究成果の結実となったのです。

ナトリウムポンプの国際学会

私は、一九八七年六月に初めてデンマークのオーフス大学で開催されたナトリウムポンプの国際ミーティングに参加しました(写真7)。ヨーロッパをはじめ世界の研究者たちが「Congratulations!(おめでとう!)」と研究の成功を祝福してくれました。Narute誌とPNAS誌の威力は凄《すご》かったのです。研究というのは多くの失敗した実験の上に成り立っており、ほとんどの実験データは形になりません。成功して論文に載るデータはたった一つなのです。しかし、その成功の興奮は、さらなる次の実験に駆り立てる魔力を持っているのです。その国際学会では、Na^+, K^+-ATPaseの発見者であるオーフス大学のスコウ博士(写真8)とその弟子たちと北欧のお酒を片手の楽しい交流がありました。記念すべきことに、その一〇年後の一九九七年、生体エネルギー分野で三人の巨匠がノーベル化学賞に輝いたのです。ATP合成酵素(注65)の回転説を唱えたポール・ボイヤー(注66)、ATP合成酵素(F_0F_1-ATPase)(注67)の活性部位の結晶構造を明らかにしたジョン・E・ウォーカー(注68)、Naポンプの実体はNa^+, K^+-ATPaseであることを立証したイェンス・スコウの三人です(第2章2―3を参照)。

2―4 学位論文――「Na^+, K^+-ATPaseのイオン輸送の分子機構」

研究というのは、納得できるデータが出なくて苦しいときもあるのですが、突破口ができることで急速にいくつかの成果がまとまります。私も当時の時流に乗った研究テーマにより、多くの論文を出すことができました。周囲の勧めがあり、学位論文にまとめることになりました。一緒に研究

写真７　デンマークの Na^+, K^+-ATPase 国際学会にて　1987 年６月デンマーク・オーフス大学のジョルゲンセン博士と一緒に。

写真８　ノーベル賞を受賞したスコウ博士　Na^+, K^+-ATPase（Na ポンプ）の存在をイカの神経細胞に初めて見いだし、1997 年にノーベル化学賞を受賞した。

を進めていた吉田賢右氏が東京工業大学へ教授として栄転されていたので、「Na^+, K^+-ATPase のイオン輸送の分子機構」という表題で東京工業大学理学部に出すことにしたのです。東工大の論文博士は、「関連するテーマで筆頭著者の原著論文五報が必須＋第二外国語」という極めて厳しい審査資格条件でした。第二外国語はドイツ語を学んだものの、もうすっかり忘れていました。論文の内容は、そのときの主査の一人であった星元紀先生のお褒めにあずかり、学位授与のお祝いに頂いた「荒野を飛ぶタンチョウヅル」の絵が今も私を見守っています。

一報の英文原著論文を書くのにどのくらいのエネルギーがいるか、多くの研究者はよく知っています。人が出した論文を読むのと違って、論文作成は、背景から導き出した仮説、その仮説を立証するための論理、洞察力、文章力、英語力のすべてが要求されるのです。それには集中力と体力が要ります。だから、論文を投稿し終わると、力を使い果たして抜け殻のようになってしまうものです。これを繰り返して論文の数が増えるとともに鍛えられていくのですが、楽になることはありません。これは、数多くの論文の積み重ねを必要とする生命科学の宿命かもしれません。

2―5　タンパク質のしなやかさの魅力

膜タンパク質の四つのタイプの ATPase（40ページ、コラム5参照）が、遺伝子クローニングによりタンパク質の一次構造が明らかになると、研究は微細な構造化学の方向に展開しました。中でも F_0F_1-ATPase（ATP合成酵素ともいう）は、タンパク質の分子を構成するサブユニットを抽出して人工的に作った細胞膜（リポソームという）に再構成して活性を持つ酵素にすることができるタンパク質でしたから、Na^+, K^+-ATPaseと違って、F_0F_1-ATPaseはたくましく強いタンパク質だったのです。このタンパク質研究を担っている、自治医大を含めた大きなグループが当時の生体エネルギー研究の先端を走っていました。生化学の香川教授グループの吉田氏もその中心人物の一人でした。

また、私が生化学の香川教授の所に移った一九八九年ころのことです。膜タンパク質ではありませんが、もう一つのユニークなタンパク質、熱ショックタンパク質(注69)（Heat Shock Protein : HSP）の存在を知りました。これは細胞が熱のストレス条件にさらされたときに一過性に発現が増える一群のタンパク質です。これらのF_0F_1-ATPaseとHSPという二種類のタンパク質から、私はタンパク質が意外に変幻自在であること、強くしなやかな性質を持っていることを知ったのです。後にHSPは、新しく合成されたばかりのポリペプチド鎖に結合してこれを保護するという機能があることが明らかになりました。この機能を「分子シャペロン(注70)（molecular chaperone）」と呼んでいます（コラム8参照）。

「好熱菌にも熱ショックタンパク質があるんだよ。これをクローニングしてくれない？」

ある朝の香川教授のこの一言から、私は未知のタンパク質の遺伝子に挑むことになったのです。基礎研究を学びたいという医学部の学生を一人付けてくれました。

この分子シャペロンと並行して、イスラエルのアブラム・ハーシュコは不良品タンパク質や不要

【コラム8】分子シャペロン

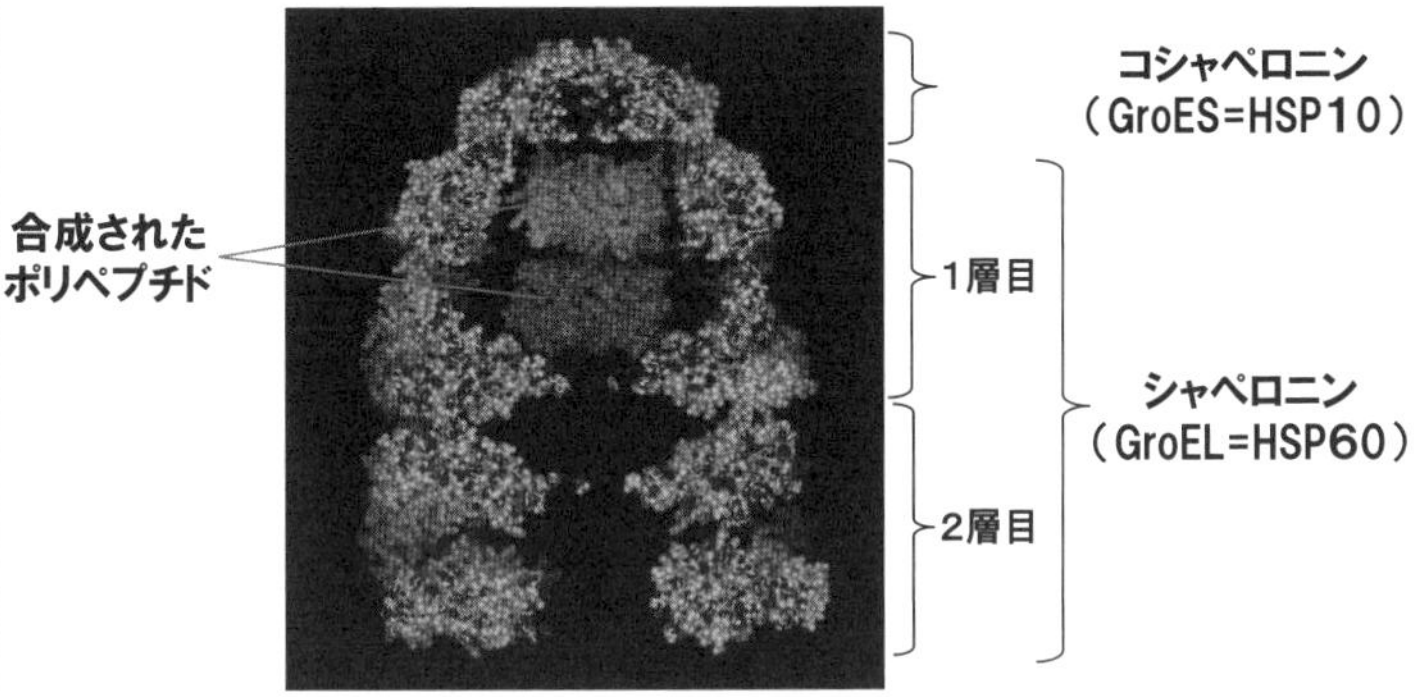

分子シャペロンの構造

(出典　J.Biol.Chem.274:21251-21256,1999 (7))

1974年、ショウジョウバエの幼虫を高温にさらすとある特定のタンパク質の発現が素早く上昇することがアルフレッド・ティシェールらにより見いだされ、熱ショックタンパク質 HSP と命名されました。HSP は、細胞が熱に曝《さら》されると、熱変性からタンパク質を保護する働きがあることや、細胞内のタンパク質輸送に関与することなどが明らかになりました。さらに、細胞の中で新しく合成されたポリペプチド鎖は、折りたたまれて（フォールディング (注71)）、立体構造を構築し、タンパク質としての機能を持つことができるようになりますが、HSP はこのフォールディングが正しく行われるように支援する働きをします。この働きを「分子シャペロン」と呼び、機能するタンパク質をシャペロニン (注72) といいます。

シャペロニン（GroEL (注73)、HSP60 ともいう）の形は、「かご」状のリングが二層に重なった構造をとります（図の外側の部分）。GroEL は ATP の結合に伴って、補助因子である「ふた」状のコシャペロニン（GroES (注74)、HSP10 ともいう）と複合体を形成します。この GroEL-GroES 複合体の内部は、巨大な空洞ができ、その中でタンパク質のフォールディングが最後まで進行します。Dnak (注75)（HSP70）は ATP 活性を持ち、一過性に新生ポリペプチドに結合して正しい折りたたみを助けます。

シャペロン（chaperon）とは元来、“若い女性が初めて社交界にデビューするときに付き添う介添えの女性” を意味し、タンパク質が正常な構造・機能を獲得するのをデビューになぞらえた粋な命名です。

になったタンパク質に結合し、その目印になるユビキチン(注76)を発見しました。どうも合成されたタンパク質の三割くらいは不良品らしいのです。そこで、ユビキチンの目印がついたタンパク質をプロテアソーム(注77)に取り込み分解するのです。

つまり、遺伝子の暗号から新しくポリペプチドが合成されると、分子シャペロンのシャペロニンのカゴの中で正しく折りたたまれて（フォールディング）、成熟したタンパク質になります。そのとき生じる不良品タンパク質は、品質管理システムのユビキチンにより選別されて目印を付けられ、プロテアソームに回されて分解されるのです。まさに細胞というのは、巧妙に交通整理されているタンパク質の工場なのです。

東工大へ移った吉田賢右先生はタンパク質の一生を「タンパク質のゆりかごから墓場まで」と呼び、人の一生にうまくなぞらえました。このように、細胞は各種タンパク質がそれぞれの役割を織りなして生命現象を紡いでいます。そのタンパク質はどれも実にしなやかなのです。暗号でしかない遺伝子との大きな違いです。長い時をかけて、タンパク質と付き合うことによって、やっと私はその魅力に気がついたのです。

3．第三のチャレンジ——病原性微生物のゲノム科学

私が所属した自治医大・生化学教室では、教授の定年を控えて教室員の誰もがそうであったよう

に、私もまた、次の職場を考えなければなりませんでした。そこで、たまたま募集していた筑波大基礎医学系の教員ポストに応募したのです。一九九〇年のことです。その詳細については次章に述べますが、幸いなことに私は、筑波大における第三のチャレンジをする機会に恵まれたのです。

3―1 常在細菌叢(注78)のサイエンス

「感染」は病原性微生物の環境応答である

細菌やウイルスなどの病原体が他の生物に感染し、その宿主に感染症を起こす性質のことを「病原性」と呼んでいます。ロベルト・コッホやルイ・パスツールによる微生物の発見から、数多くの病原性微生物が見いだされた病原性微生物学の黎明期には、毒力が強い菌が病原性微生物と定義されていましたが、近年、病原性がないとされていた微生物によっても、免疫力の低下したヒトでは感染が起こること（これを日和見《ひよりみ》感染という）が知られるようになりました。現在では、感染が発症するか否かは、単に微生物の病原性にのみ依存するのではなく、「宿主側との力のバランスによって決まる」という定義に修正されています。つまり、「感染」というのは、宿主の変化に細菌が応答した結果なのです。

常在細菌叢の連携社会

通常、ヒトは一〇〇〇種類相当の常在細菌叢（細菌が群がり集まったもの）（61ページ、コラム

9参照）に覆われていて、簡単に外から病原性微生物が入ってくることができません。その部位に常在する細菌叢は種類が違っても連携が取れているようです(8)。皮膚と腸内の細菌叢の二つが最も大きな細菌叢社会です。黄色ブドウ球菌(注79)は皮膚の細菌叢社会の親玉格です。ところが、菌にとって宿主という外部環境が変化すると、常在細菌叢の垣根が壊れ、隙《すき》を狙《ねら》っていた病原性微生物がさまざまな武器を使って侵入します。その武器は、毒、タンパク分解酵素、DNA分解酵素、脂肪分解酵素、免疫攪乱《かくらん》因子や細胞侵入因子であったりします。組織に入り込んだ病原性微生物は、組織中の環境変化に応答して、宿主であるヒトの細胞の働きを壊すような物質やタンパク質を作り出すようになります。その結果、細胞が壊れて感染症が発症することになります。

感染のしくみ

宿主であるヒトから見ると、「菌との接触→付着→侵入→増殖→炎症」の過程を経て感染が成立します。ただし、感受性のない人は菌がいても発症しません。一方、病原菌の方から見ると、「感染源→宿主・リザバー→菌の出口→伝わり方→侵入口→感染者の臓器」のステップがあります。これらのステップは病原体によっていろいろです。例えば、結核は呼吸器、エイズ／B型肝炎／C型肝炎は血液や体液、A型肝炎は経口、インフルエンザは呼吸器、ノロウイルスは経口を介して感染します。従って、感染症の予防策は、病原体と宿主双方の感染の各過程について対応策（薬剤や物理的封じ込め法）が取られています。

【コラム9】ヒトに常在する細菌叢

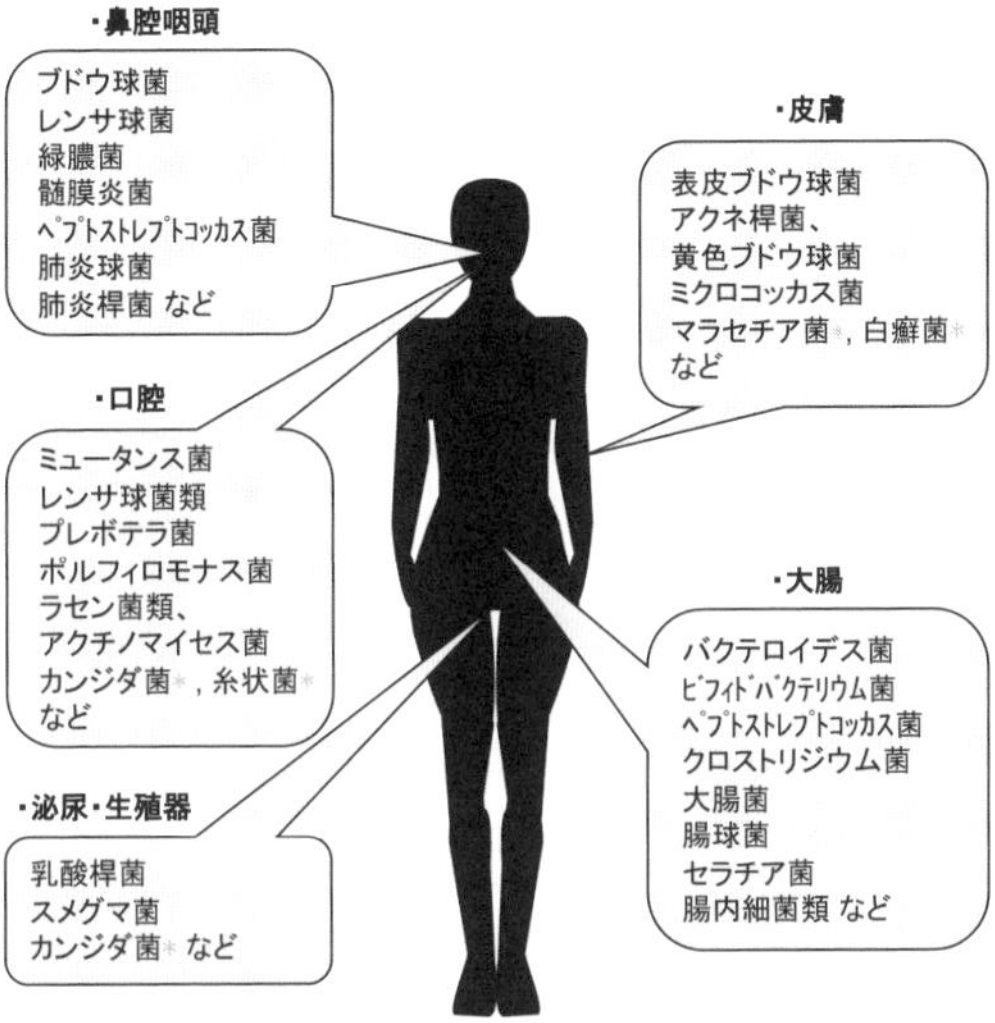

ヒトは、胎内では無菌の状態にあるのですが出産のときに母親の産道で初めて微生物に汚染されます。その後環境からの汚染が加わり、生後１日目から微生物叢の定着が始まります。しかし、その分布は、年齢、性、民族性、食事、生活環境などにより異なっています。成人男子の平均的な常在菌フローラを図に示します (8)。

皮膚は、面積にするとタタミ２畳分（3.31m^2 × 2=91㎝× 182㎝ ×２）に相当するヒト最大の排泄臓器です。その皮膚は直接外界に接しているため、表層には主として好気性菌が、毛包や脂線には嫌気性菌が常在菌として生息しています。大腸では 1000 種類相当の菌種が棲（す）んでおり、多くは培養できない嫌気性菌です。年齢別に腸内細菌叢を見てみると、乳児はビフィドバクテリウム菌が優勢、普通食の子どもと成人はバクテロイデス菌が優勢種、老人はクロストリジウム菌が優勢種となり数も減少します。

このような多種多様な菌種が存在する腸内では、一定の菌バランスが維持されていれば「健康である」と見なされ、人体の健康を評価するために、腸内細菌叢を指標としたDNA アレイ (注 80) が開発され、実用化されています。

しかしながら、問題は、この感染症の発症が単に個人の問題ではなく、地域、国を越えて地球規模の大きな問題に発展する可能性を秘めていることです。歴史的には、中世ヨーロッパの人口の四分の一が死滅した黒死病（ペスト）、世界で四〇〇〇万人相当の死者が出た一九一八年のスペイン風邪（インフルエンザ）、最近では、新型鳥インフルエンザ、エボラ出血熱などがそのよい例です。

以上のように感染症の制圧の重要性が研究者に成長した私にはよく理解できました。その制圧のためには基礎研究がなくてはなりません。前にも述べたように、その過程の研究は、病原性微生物と研究者の知恵比べなのです。すぐには答えが出ないものの、難しいパズルに挑むような面白さがあります。そして、それが人々を救うことにもなるのです。

3―2　再び出会ったゲノムDNAの魅力――黄色ブドウ球菌のサイエンス

変幻自在な黄色ブドウ球菌

なぜ黄色ブドウ球菌なのか？　黄色ブドウ球菌は人間であれば誰にでも皮膚や鼻腔に常在している菌です。それなのに、時には多種多様な毒を出して重篤な感染症を引き起こし、時には多剤耐性菌MRSAに豹変《ひょうへん》して大きな病院の院内感染の原因になります。この黄色ブドウ球菌のとらえどころのない変幻自在な細胞と格闘する面白さこそが、研究の醍醐《だいご》味《み》なのです。

院内感染の対策のためには、黄色ブドウ球菌細胞の生理機能の全容を知らなければなりません。筑波大赴任後に発表した六〇編以上に及ぶ論文の内容は、ここでは割愛しますが、六〇年近いブドウ球菌研究の歴史からすれば、私が携わったわずか一八年間の研究では何ほども進まないものです。しかし、病原細菌の場合、「感染は菌の環境応答である」ということは明らかになりました。そして、二十世紀末の科学技術の発展は、ついにゲノムの解読を可能にしたのです。二十一世紀の始まりはゲノム解析でした。そこで私が取り組んだのが「病原微生物ゲノムプロジェクト」でした。

「病原微生物ゲノムプロジェクト」(二〇〇〇〜二〇〇四年)

当時、文部科学省所管の独立行政法人である日本学術振興会は「未来開拓学術研究推進事業」を設置し、地球規模の問題の解決、経済・社会の発展、豊かな国民生活の実現等を目指し、わが国の未来の開拓につながる創造性豊かな学術研究を推進する目的で、拠点となる数カ所の大学に億単位の大型資金を計画的に配分しました。その中の微生物およびモデル生物のミレニアムプロジェクトの一つとして「病原微生物ゲノムプロジェクト」が推進されたのです。病原性微生物のゲノムを全部決めようという計画でした。このようなデータベースを構築する仕事は力仕事でもあり、誰かがやらなければなりません。筑波大微生物学グループの林英生教授(注81)がその取りまとめをしていたこともあり、私は黄色ブドウ球菌の分担者になりました。

「病原微生物ゲノムプロジェクト」の当初の予想では、細菌を研究している大学、塩基配列解析システムを保有する北里大学、バイオインフォーマティクス(注82)の解析技術のある九州大学の役割分担があれば、成功率は高いと判断されたのです。大学ごとに研究している病原菌の種類が異なるので、北里大学のDNA解析システムと九州大学のバイオインフォーマティクスをコアとして細菌学研究を行っている大学の分担編成を変えてプロジェクトの体制を組めば、五カ年後には菌別のゲノムデータベースを創ることができるはずです。それには連携プレーが成功の鍵となります。このやり方は、かつて私が学んだクローニングプロジェクトと同じでした。現在までに、世界でほぼ九〇〇種以上の細菌ゲノム情報が網羅的に解読され、個々の細菌ゲノムの遺伝子情報がデータベース化されています。

一方、よく知られているようにヒトのゲノムは二倍体（2n）で[注83]四四本の常染色体[注84]と二本の性染色体[注85]の合計四六本からなっています。だからヒトのゲノムの場合、n＝23つまり二三本の染色体の配列を読まなければなりません。その長さは三〇億塩基対[注86]（bp：base pair）です。一九九一年から国際プロジェクトとして始まったヒトゲノムの解析は、そのサイズが細菌ゲノム（平均三〇〇万塩基対）のおよそ一〇〇〇倍にも及ぶことから、それに費やした費用と労力がいかに大きいものであったか想像がつきます。それも二〇〇三年に完成したのです。ゲノム情報が与えたインパクトは大きく、医療の考え方をも変えることになりました。

3―3　院内感染菌MRSAのゲノム解読に挑む！

院内感染菌MRSAのゲノム解読は「病原微生物ゲノムプロジェクト」の一環として行われました。予想通り、その成果は思いがけないインパクトを世界に与えたのです。

世界に先駆けた日本チーム

二〇〇一年四月二一日、Lancet誌に世界中の病院が院内感染に困り果てていたMRSA（薬剤耐性黄色ブドウ球菌、methicillin-resistant *Staphylococcus aureus*）の全ゲノム配列が世界で初めて公開されました。(9) 世界に先駆けた日本チーム（筑波大、順天堂大学、東京大学、奈良先端大学、理化学研究所、北里大学、九州大学）による論文です。Lancet誌は、医学界で最も評価の高い世界五大医学雑誌の一つです。MRSAの全ゲノムが解読されたことで、大手新聞社はこぞって院内感染が制圧されるかのような報道をしました。国内ではそれほど期待が大きかったのです。

黄色ブドウ球菌というのは、ブドウ球菌の中でも多くのさまざまな病原性を持つ菌種です。私は、各種のMRSAやバンコマイシン耐性MRSA（VISA）(注87) を分離して黄色ブドウ球菌の薬剤耐性機構の研究を長い間進めてきた平松啓一教授（順天堂大学）に声をかけました。平松先生は日本のブドウ球菌研究会を引っ張っていたので、閉鎖的な雰囲気で始まった「病原微生物ゲノムプロジェクト」が一気にオープンな形になりました。彼の快諾に力を得て、研究がスタートしたのは論文が出るちょうど一年前でした。筑波大へ赴任して九年目のことです。

そこで、まったく違う時期に臨床分離された二株のMRSA（MRSA株とVISA株）について、全ゲノムの解読を完成させたのです。その解析方法は、ランダムショットガン法(注88) という方法です。その手順はまず、細菌細胞から抽出した無傷のDNAを超音波で切断するソニケーター(注89) を用いて、約一五〇〇塩基対（bp: base pair）になるようにランダムに物理的に切断します。次に、これらを大腸菌ベクターにつないでクローニングし、塩基配列を決めます。

順天堂大学から菌株を提供してもらい、筑波大でDNA調整とDNA組換えを、北里大学で三〇台余りのハイスループットシステムのシーケンス装置を、九州大学で大型コンピューターにより配列をつないで環状にするインフォマティクス解析を、分担しました。

六〜八倍のクローンの配列解析は四カ月で終了しました。しかしながら、閉環状のゲノムにするには、インサーションエレメント（Insertion element : IS）[注90]、トランスポゾン（Trnsposon : Tn）[注91]、リボソームRNA（rRNA）[注92]、ファージなど外から挿入された領域の解析が別途必須であり、特に何カ所もあったファージのリピート配列（反復配列）[注93]の決定が手こずる原因になりました。この部分は手作業であり、インフォーマティクスを分担した九州大学へ出掛けてソフトでつなげた配列のつなぎ目（ギャップ）を目で見て補正したのです。この作業は筑波大が分担しました。最後のギャップが解消するまで一年間を要しました。こうして進んだ見事な連携プレーで2・878 Mbpのゲノム配列が決まったのです（コラム10参照）。

Lancet誌に投稿

論文の発表に当たっては、海外の情報通でもあった平松先生が活躍してくださいました。欧米との競争に勝つには彼の力が必要でした。自治医大時代のNature誌投稿ドキュメントの教訓は、私

【コラム 10】MRSA ゲノムの特徴

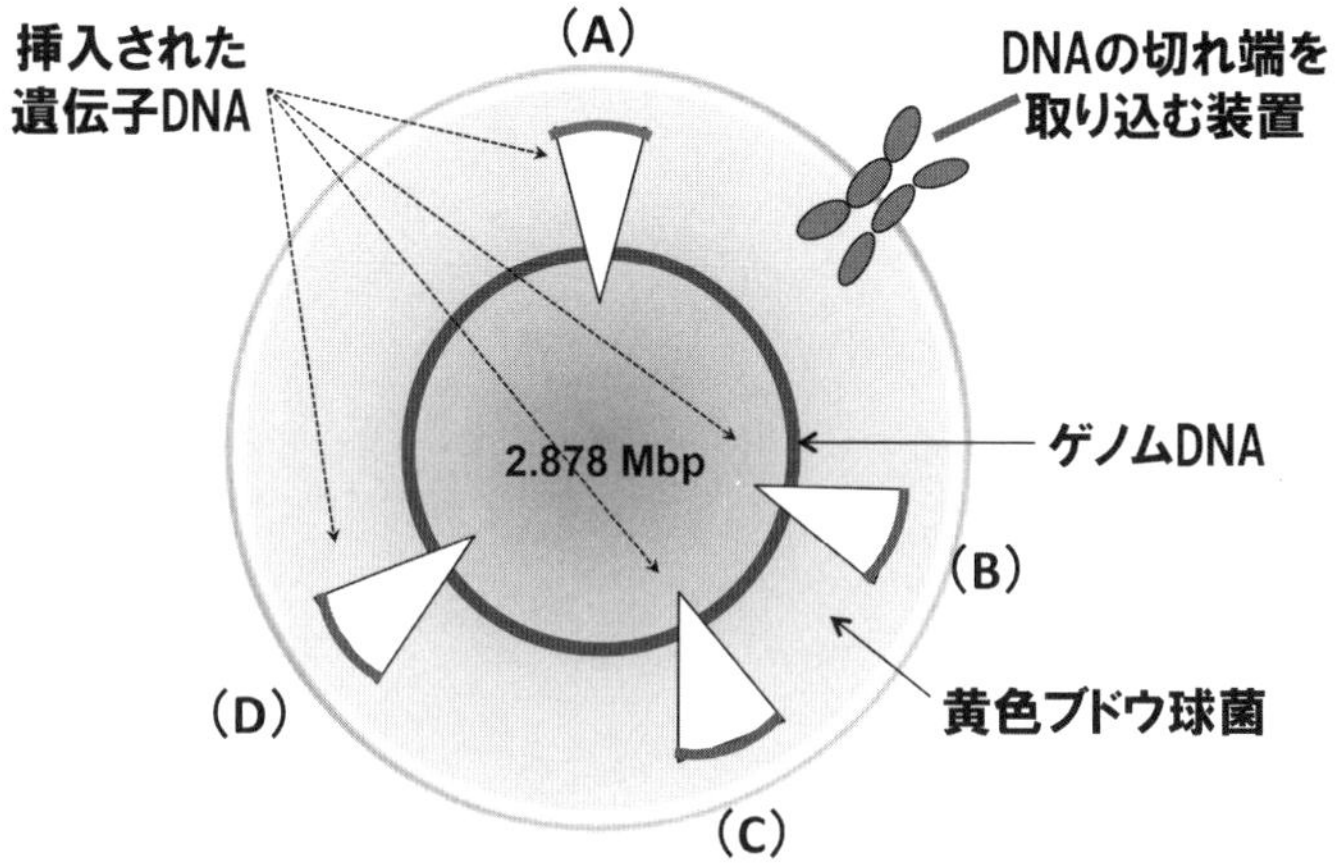

院内感染菌 MRSA のゲノムの大きさは 2.878Mbp、遺伝子数は 2700 個です。そのゲノムの特徴は、①膜輸送系の遺伝子や組織に接着する遺伝子群が多数発達している、②外来の可動性領域（IS、Tn、ファージ）が随所に挿入されている、③１カ所（A）の大きな可動性領域に薬剤耐性遺伝子が挿入されており、さらに毒素遺伝子がそれぞれ群をなして３カ所（B、C、D）に挿入されている（図）、④基本構造ゲノムの３割が付加された領域である、⑤ DNA の切れ端を外から取り込む装置の遺伝子も見いだされたこと、などであり、ゲノムの３割は外来 DNA でした。

つまり、菌が生き残る奥の手は、DNA の切れ端を取り込んで自身を新型菌に変えることであることが分かったのです (9)。

の中で生きていました。ゲノム配列の研究は、どこかで公表されたらそれまでに費やした努力も水の泡で、二番煎《せん》じということはあり得ないのです。この成果はLancet誌に発表することになりました。Lancet誌は週刊であるため、掲載が早いことを熟知していた彼の選択判断は正しく、基礎研究はLancet誌の範疇《はんちゅう》ではなかったのですが、与える影響の大きさを編集者に説いた末に掲載の運びとなったのです。このようにして、私たちは日本チームの論文発表を成功させたのです。

続いて私の研究室では、この成功をバネにして、ブドウ球菌の仲間である腐性ブドウ球菌（*S. saprophyticus*）のゲノム解析も成功させたのです。(10) 腐性ブドウ球菌は、腐ったものを好む菌ですが、尿路感染症を起こします。

3—4 「タンパク3000プロジェクト」（二〇〇二〜二〇〇六年）

国の生命科学分野の科学政策は、「病原微生物ゲノムプロジェクト」に続いて、遺伝子産物であるタンパク質を標的にした大型研究国家プロジェクト「タンパク3000プロジェクト」を推進していました。「病原微生物ゲノムプロジェクト」が終わる二〇〇四年ころ、突然、私は北海道大学から四人の研究者の訪問を受けたのです。その一人が北海道大学大学院先端生命科学研究院の田中勲教授でした。(注94) 当時、「タンパク3000プロジェクト」は、その成果が問われているときでした。そこで、そのプロジェクトの標的を「毒素」にまで広げたのです。黄色ブドウ球菌の転写因子や毒素のタンパク質を結晶化したいので、班員として加わってほしいという勧誘でした。これをきっかけに、以後このプロジェクト終了までタンパク質の結晶構造の解析[11]に手を染めることになったのです。

タンパク質は複雑な生命現象を司る物質であり、多くの疾患はタンパク質の働きの変化によって起きてきます。そのため、疾患にかかわるタンパク質の構造や機能が分かると、そのタンパク質の働きを制御することができる化合物を予測することができます。「タンパク３０００プロジェクト」は、日本発のゲノム創薬のブレイクスルーを目指して、世界先端施設（ＮＭＲ[注95]、Ｘ線結晶構造解析等）を駆使して産官学オールジャパンの研究能力を結集し、二〇〇六年度までの五年間に生命を司るのに重要なタンパク質のうち三分の一に相当する約三〇〇〇種以上のタンパク質の基本構造の解明およびその機能の解析を行うというものでした。

当時集まった北海道大学の若手研究者は、現在もなお、筑波大の若手スタッフと組んで仕事を発展させています。私の時代に築いた人脈がそのまま脈々と続いていることに嬉しさを禁じ得ないのは私だけでしょうか。

4．第四のチャレンジ――国家プロジェクトの宇宙医学研究

後の第２章で詳しく述べるように、私は筑波大を退職した後、ＪＡＸＡ（国立研究開発法人 宇宙航空研究開発機構）から要請されて、つくば市にある筑波宇宙センター（Tsukuba Space Center：TKSC）で宇宙医学研究に携わる機会を得て、現在に至っています。

4―1　宇宙環境と宇宙医学研究

宇宙環境の特徴

宇宙空間は、微小重力、高真空、広い視野、宇宙放射線などの特徴があります。国際宇宙ステーション（ISS：International Space Station）(注96) は地表から高度約四〇〇キロメートルの軌道を飛行しています。ＩＳＳの全体の重さは四二〇トン（一トン小型車四二〇台分）、広さは約八〇〇〇平方メートル（サッカー場相当）、「きぼう」は約六三〇〇平方メートルの鉄骨三階建ての船体です。ＩＳＳが飛行する付近は次のような環境になっています。

①重力は 10^{-6} G から 10^{-4} G の微小重力です。これは地球上の重力の一〇〇万分の一ないし、一万分の一で無重力に近いのです。

②大気圧は 10^{-5} Pa(パスカル)の真空です。

③空気は八五％が原子状酸素（O）です。ＩＳＳ内部の空気は、地球上の空気と同じように一気圧、約二一％の酸素と約七九％の窒素に調節されています。人間の呼吸により発生する炭酸ガスは除去し、埃《ほこり》や微量の汚染ガスも取り除いて、絶えず循環されています。

④大気圏外を飛行するＩＳＳは厳しい宇宙放射線(注97)に曝《さら》されます。宇宙放射線は、銀河系内を飛び交っている銀河宇宙線、太陽面での爆発にともなって発生する太陽粒子線(注98)と、その粒子線が地球磁

場に捕捉されてできる粒子線（注99）から成っています。これらの高エネルギー粒子が、大気や宇宙船を造っている材料の原子核と衝突して、陽子、中性子、中間子、ガンマ線を生成します。これらを「二次粒子線（注100）」と呼びます。ISSの内部は、これらの粒子線と二次粒子線が複合してできた宇宙放射線環境になっているのです。地球は大気層によって保護されているため、宇宙空間を飛び交う宇宙放射線が地上までほとんど届きません。そのため、地球では生物の生存に適した温和な環境がつくり出されているのです。

⑤ISSは約九〇分で地球を一周し、一日に地球を約一六周しています。

以上から、宇宙飛行士が生活するISS内の特徴は「無重力環境」「宇宙放射線環境」「閉鎖環境」という人間にとって相当過酷な環境です。これらの環境は、地上では模擬することはできません。そこで、JAXAでは、筑波宇宙センターの宇宙飛行士運用技術部に「宇宙医学生物学研究室」(J-SBRO：Japan Space Biomedical Research Office) を設置して、積極的に宇宙環境における人体リスクの研究を行い、日本も国際宇宙ステーション実験棟「きぼう」の建築技術だけでなく、宇宙飛行士の健康管理技術にも貢献することになったのです。

宇宙環境が与える人体リスク

1G環境で進化してきた人間にとって、「微小重力」の宇宙滞在は極めて重大なさまざまなリス

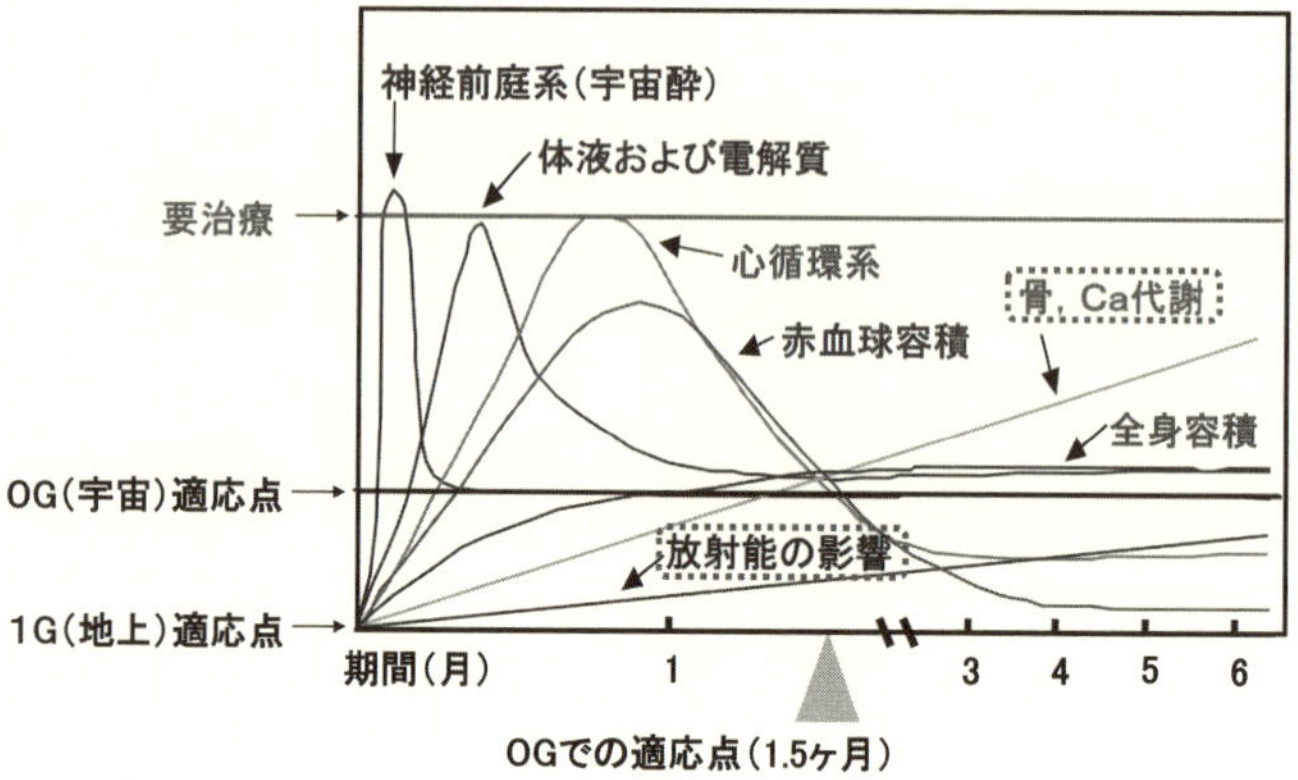

図３　宇宙環境における人体の変化
（出典 NASA SP-447 1982 Space Physiology and Medicine 一部改変）
縦軸は相対値を表す。三角は（△）は OG への適応点（1.5 カ月）を示す。

クを与えます。これまでの五〇年間の宇宙飛行から明らかにされた報告（NASA SP-447 1982 Space Physiology and Medicine）によると、宇宙酔い（知覚）、体液シフト、心循環（自律神経系）不調、骨量減少・カルシウム代謝異常、赤血球容積と全身容積の減少、筋《きん》萎《い》縮《しゅく》、放射線による影響などが顕著に起きることが知られています（図３）。

　図中では、これらリスクが無重力環境に適応する様子が示されています。地上の１Ｇに対して宇宙の０Ｇの適応点は、リスクの種類によりまちまちです。知覚の変化が最も速く適応し、骨量・カルシウム代謝と放射線影響は宇宙に適応できないことが特徴です。この適応できないリスクがあることは大きな問題です。また、これらのリスクは、加齢による健康リスクと非常によく似ていることが分かってきました（74ページ、コラム11参照）。

4―2　宇宙医学とは「究極の予防医学」である

宇宙医学とは、宇宙という環境を使った「究極の予防医学」です。前項で述べたように、ＩＳＳのような微小重力の環境では、１Ｇの地球上から重力が減少することによって骨や筋肉を使う必要がなくなるため、骨や筋肉が弱くなり、宇宙放射線の影響を直に受けるのです（0.5～1 mSv/日）。また、人が宇宙で生きられる所は、宇宙ステーションやスペース・シャトルなど閉ざされた空間の中だけです。制限された狭い空間で他の文化を持つ人たちと一緒に長期間生活するとなると、精神心理的なストレスも受けます。

　このような宇宙環境にかかわる体への影響を予防して、ＩＳＳと地球間の往来が安全に行われるようにするためには、宇宙に滞在しているときや、帰還した後の健康維持や管理に必要となる医療技術の研究開発が必要となります。これを遂行するのが宇宙医学研究です。

　このように、元気な人が宇宙へ行って、宇宙で病気のような状態になり、地上に戻ってくるとまた元気になるという、「病気の人や加齢の全過程を短期間で見られること」が宇宙医学の面白さです。つまり、宇宙飛行士は病気・高齢者の人体モデルなのです。このことについては、次項で詳しく述べます。

　ＪＡＸＡでは、宇宙医学を五分野（生理的対策、精神心理支援、宇宙放射線被曝《ひばく》管理、軌道上医療、宇宙船内環境）に分け、それぞれの分野で解決すべき課題について研究し、宇宙飛行士の人

【コラム 11】宇宙飛行士は 10 倍の速さで高齢者と同じ現象が起きる

３人の宇宙飛行士が地上帰還直後の写真です（提供 NASA/JAXA)。前列左端が日本の野口惣一宇宙飛行士です。帰還直後は歩行ができないため、介添えを必要とします。

１Gの地球に帰還した宇宙飛行士の６割は起立性低血圧になり、立ちくらみ、頭痛、視野狭窄《きょうさく》、手足や全身のしびれ、気が遠くなるなどの症状が出ます。これは内耳の平衡器官である前庭系の反射機能がなくなり、重力で下半身に集まった血液を循環することができなくなるからです。また、ISS に６カ月滞在している間に免疫機能や心肺機能など体力が低下し、骨量減少（10% 以下 / ６カ月、高齢者の 10 倍の速度)、筋肉の萎縮（10 〜 15% / ６カ月)、放射線被曝《ひばく》の影響などが起きます。

体リスクを最小限に抑えようとしています。

4―3　宇宙飛行士は「病気・高齢者の人体モデル」

宇宙酔いと体液シフト

軌道上に入って最初に起きるのは、「宇宙酔い」と「体液シフト」です。シャトルの打ち上げで無重力になると、体液・血液は頭に集まり、心肥大になり顔はむくみます。これが「体液シフト」です。そして、空中に浮かぶため、上下左右の区別ができなくなり、「宇宙酔い」の状態になります。しかし、宇宙環境に適応すると、体は変化して身長も伸びます。この宇宙に適応した体が1Gの地球に帰還すると、「起立性低血圧」の状態になって血圧反射ができず、立ちくらみ、視野が狭くなる、悪心、体のシビレ、気が遠くなるなどの症状が出ます。いわゆる「地球酔い」になります。これは内耳の奥にある「前庭系」の働きが低下することにより起きます。

一方、地上でも高齢者が急に起き上がったときに一過性に血圧が低下し脳血流が減少し、めまい、立ちくらみ、また、眼の前が真っ暗になることがあります。高齢者の血圧は、年齢とともに血管の壁が硬くなり、弾力が失われるため、血圧が下がったまま戻りにくくなるという特徴があります。これは、「前庭系」血圧センサーの反応が鈍くなるためで、宇宙飛行士の地球酔いと同じ現象なのです。

骨密度減少

宇宙では、頸椎《けいつい》・大腿骨《だいたいこつ》・腰部で一〇〜一五％／六カ月の割合で骨量が低下します（表1）。これは骨粗しょう症(注101)の一〇倍の速さです。その結果として1日当たり二五〇mgのカルシウムが失われます。これが腎臓にたまると腎結石のリスクが高まります。骨は歩行など動くために最も重要なシステムであり、通常、骨形成と骨分解が繰り返されて年間二〇〜三〇％の骨が新しく作り替えられています。この骨の分解には破骨細胞(注102)、骨の合成には骨芽細胞(注103)と呼ばれる細胞がその役割を担っています。しかし、無重力下では動くのに骨は不要となり、要らなくなったカルシウムは尿や便中に排出されてしまいます。骨粗しょう症は、破骨細胞数＞骨芽細胞数になることですが、宇宙で起きる骨密度減少も同じようなしくみで起きます(12)。

そこで、破骨細胞の働きを抑制する薬剤、ビスフォスフォネート(注104)を一一人の宇宙飛行士に飲んでもらって国際共同研究で調べたところ、アレッドと呼ばれる抵抗運動機器の筋力運動（毎日二時間）と併用すれば、各部の骨量が減少しないことが明らかになりました(13)。つまり、「ビスフォスフォネートを筋力運動と併用すれば、骨量減少が予防できる」のです。また、骨の合成に必要なカルシウム、ビタミンD、ビタミンKなどは宇宙食に補強されています。

表1　宇宙飛行士の平均骨量変化率（％／月）		
大腿骨転子部	(n=18)	− 1.56 ± 0.99
骨盤	(n=17)	− 1.35 ± 0.54
大腿骨頸部	(n=18)	− 1.15 ± 0.84
腰椎	(n=18)	− 1.06 ± 0.63
全身骨	(n=17)	− 0.35 ± 0.25
前腕骨	(n=17)	− 0.04 ± 0.88

出典　JAXA

筋萎縮

地上では、人は重力に抗して動いているので筋肉は絶えず働きますが、微小重力の宇宙では、筋肉をわずかに動かすだけで生活できます。そこで、宇宙飛行士の筋萎縮は、歩行に関係する下肢に顕著に表れます。宇宙では、宇宙飛行士の足が細くなり、これをバードレッグ（鳥のように細い足）と呼んでいます。宇宙飛行中や地上での一般人の長期臥床《がしょう》では、下腿三頭筋など立位にかかわる遅筋（赤筋）が萎縮しやすく、速筋（白筋）化が生じます。

一方、高齢者に見られる加齢性筋力低下症（サルコペニア）(注105)では、筋横断面積低下に加えて筋線維数も減少することが、宇宙飛行の場合と異なります。素早く大きな力を発揮する速筋線維（白筋）が減少して筋線維組成が遅筋化します。また、この変化（速筋減少、遅筋増加）は、線維数のみならず筋収縮速度も低下させます。宇宙では、背筋や下肢三頭筋で一〇～二〇％／六カ月の割合で顕著に起きます。(14)(15) 運動をしていても最大で三〇％も萎縮します。加齢に伴う筋萎縮は一％／六カ月とすると、宇宙の筋量減少は加齢者の一〇～二〇倍の速さで進みます。

これまでの研究で、宇宙では筋タンパク質の分解が合成より速く進むことが遺伝子の発現量から明らかになってきました。(16)(17) この対策として、宇宙飛行士は有酸素運動と筋力運動からなる有酸素トレーニング(注106)（自転車エルゴメーター、走行トレッドミル）と筋力トレーニング（抵抗運動機器アレッド）の運動プログラムを毎日二時間実施して体力を維持向上させています（写真9）。

このように宇宙における骨量減少・筋量減少は、六五歳以上の地上高齢者の一〇～二〇倍の速さ

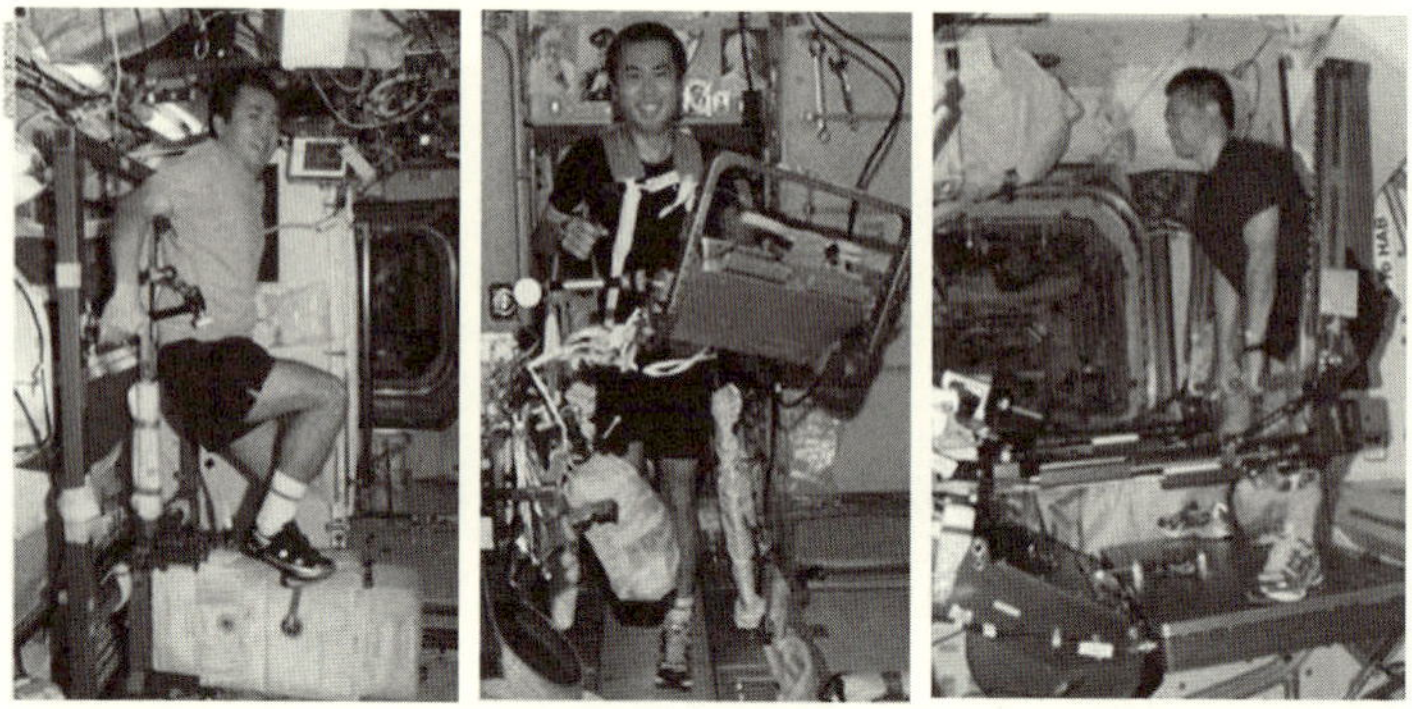

写真９　ISS の運動機器：自転車エルゴメーター（左）、トレッドミル（中）、改良型抵抗運動機器（右）。（写真提供 JAXA/NASA）

で進むことから、宇宙飛行士は短期間の「高齢者の人体モデル」であるということができます（74ページ、コラム11参照）。

睡眠と覚醒の生体リズム

一方、ＩＳＳ内は、微小重力、宇宙放射線に加えて、三〇〇ルックス以下の低照度、機械の騒音が常時している環境です。また、ＩＳＳは九〇分で地球を一周するため、二四時間周期（睡眠と覚醒のリズム）の生活になるように明暗を調節してあります。人は、通常、日中は交感神経、夜間は副交感神経が働き、日照により二四時間でリセットされます。

宇宙における生体リズムは、心電図を計測するホルター心電計[注107]やアクチウォッチ[注108]をつけて調べてみると、驚くべきことにきっちり二四時間周期が維持されていました[18]。また、生体リズムは、睡眠のみならず心機能やストレスなどの客観的な計測が必要です。この分野のさらなる展開が期待されます。

現在、軌道上では医師が常駐できないため、小型・軽量・ウェアラブルな宇宙医療機器（血圧計、筋力測定器、簡易脳波計[注109]、ホルター心電計、血中酸素飽和度計[注110]、体温計、電子聴診器など）を開発して医学データの一元管理を行い、軌道上と地上との遠隔診断・健康モニタリングシステムを構築しています。このシステムは、軌道上で測定した宇宙飛行士のデータがＩＳＳにあるラップトップ型パソコンに送られるようになっており、これを地上にいる医師がダウンリンクして診断できます。これら先進宇宙医療技術は、地上の高齢者医療にも応用でき、未来のネットワーク型在宅医療のさきがけともなることでしょう。

常在細菌叢の変化

宇宙環境では体に付着する常在細菌叢は変化するのか、皮膚、口腔内、のど粘膜を採取して調べる一連の研究も進められています。軌道上では、皮膚で皮脂を食べるカビの一種であるマラセチア菌[注111]が地上に比べて数倍も増えることが明らかになりました[19]。軌道上の宇宙飛行士は、滞在中にお風呂に入ることができないので体を拭くだけです。そのため、皮膚は厚く皮脂に覆われます。この皮脂はマラセチア菌の餌《えさ》になり、菌の増殖が高まると考えられています。

免疫変動

宇宙環境による免疫などの全身的な生体防御機能の低下は、宇宙飛行士の帰還後の健康に大きく影響します。宇宙飛行士の飛行前・中・後の健康診断から、自然免疫(注112)にかかわる血液中のNK細胞(注113)や免疫タンパク質IgA（免疫グロブリンA(注114)）の量が飛行中に減少することが知られていたものの、これまでこの分野の研究技術開発が遅れていました。近年の地上における研究技術開発から腸内細菌叢と免疫の密接なかかわりがブレイクスルーしました。そこで、これを手がかりに宇宙飛行士の糞便・唾液・血液を利用して、腸内細菌叢、代謝産物、免疫因子を統合的に解析することで、免疫変動を評価する研究が進められようとしています。(20)

これからの宇宙医学研究

ＪＡＸＡでは、このほかにも毛髪分析による生物影響、放射線の生物影響、ビジランス(注115)による疲労計測、閉鎖空間のストレス計測などの研究が進められています。地上では、模擬宇宙環境モデルとして、六度傾けたベッド仰臥《ぎょうが》（ベッドレスト(注116)）、ギプス固定、モデル動物（マウスやメダカ）、南極環境などを利用して、さまざまな地上実験が行われています。また、ＮＡＳＡでは、宇宙飛行士にかかわる身体リスクについて広く研究が行われており、インターネットの「Human Research Program NASA 2010」(21)で概観することができます。

以上に述べたように、宇宙医学という分野はまだ研究の端緒についたばかりで一般にはなじみの薄い領域です。私のように微生物学や生化学を専門としてきた基礎医学研究者にとっては働きがいのある魅力的な学問分野なのです。私は国際共同研究のサブリーダーとしてこれまでの自分の専門を生かして、宇宙飛行士に協力してもらい、免疫変動と腸内細菌叢の変化を糞便や唾液を使って調べようとしています。

宇宙実験は、ＩＳＳに駐在できる宇宙飛行士が最大六人であることから、半年ごとに一人ずつ交代しても宇宙飛行士の被験者のデータを集めるには極めて長期間を要します。そのため、人体にかかわる宇宙実験を進めることは予想以上の困難を伴います。さらにＩＳＳの定員である六人の宇宙飛行士は各国から集められた混成チームであるため、国際連携なくして宇宙研究の推進はあり得ません。このような宇宙実験の特殊性はあるものの、宇宙開発は「人類の夢の実現である」ことは間違いありません。

以上、本章における私の研究を振り返ってみますと、その内容は環境により川の流れのように紆《う》余曲折《よきょくせつ》しているように見えますが、川の水は同じ「生命《いのち》」の流れです。しかも、その流れは川幅がどんなに狭くても流れます。本章の研究の章では、「継続すればそれはいつか必ず大きな力になる」ことを、障害物競走のような道のりを歩まざるを得ない未来の女性研究者の方々に経験者として伝えたいのです。

注

（注1）**梅澤濱夫**　ペニシリンの国産化に尽力し、一九五六年、国産初の抗生物質カナマイシンを発見。細菌学者。文化勲章受章。朝日賞、日本学士院賞、パウル・エーリッヒ賞などを受賞。一九七一年、レジオンドヌール勲章受章。国際化学療法学会は、博士の没年である一九八六年に最高位の賞としてHamao Umezawa Memorial Award（梅澤濱夫記念賞）を制定した。

（注2）**ポリオウイルス（Polio Virus）**　感染するとポリオ（小児マヒ）を起こすウイルス。ポリオウイルスの宿主はヒトだけで、感染はヒトからヒトへの伝播《でんぱ》だけである。ポリオは排泄《はいせつ》された糞便中のウイルスが、飲み水や食物などによって経口的に感染する。感染したウイルスは、のどの粘膜や腸の粘膜で増殖し、リンパ系を介して血中に入り、中枢神経系に感染を起こす。脊髄《せきずい》前角細胞に炎症を起こすと運動麻《ま》痺《ひ》を起こし、さらに脊髄の上の方へ病変が広がれば呼吸麻痺を起こすこともある。

（注3）**院内感染**　病院や医療機関内で新たに細菌やウイルスなどの病原体に感染すること。特に薬剤耐性の病原体や日和見感染によるものを指す場合が多い。

（注4）**多剤耐性黄色ブドウ球菌（MRSA methicillin-resistant *Staphylococcus aureus*）**　MRSAとは、メチシリン耐性黄色ブドウ球菌を表す英語の頭文字を取った略称。メチシリンという抗生物質が効かない黄色ブドウ球菌には、ほかの多くの抗生物質も効かない。したがって、MRSAは多剤耐性ブドウ球菌と同義語である。MRSAは、健康な人の皮膚や鼻腔《びくう》にいるが、普通は病気を起こすことはない。

（注5）**βラクタマーゼ（β lactamase）**　ペニシリン、セファロスポリンなどのβラクタム系抗生物質が持つβラクタム環と呼ばれる構造を開裂させる酵素で、細菌のペニシリン耐性の原因となる。βラクタマーゼは、大きく分けてペニシリン系を開裂させるペニシリナーゼと、セファロスポリン系を開裂させるセファロスポリナーゼがある。

（注6）**blaZ 遺伝子**　βラクタマーゼの遺伝子名。

（注7）**mecA 遺伝子**　MRSAは、PBP2'（Penicillin-binding protein 2'）と呼ばれるタンパク質を産生する。PBP2'は、ペニシリン結合力が低いためメチシリン（ペニシリンの一種）が結合できず、耐性の原因になる。この耐性因子PBP2'の遺伝子名。

（注8）**ABC型ATPase**　ABCトランスポーター（ABC transpoters）とも呼ばれる。ABCはATP結合カセット（ATP-binding cassette）の略称。ATPのエネルギーを用いて物質の輸送を行う膜輸送体の一群で、現在までにおよそ二五〇種のABC型ATPaseが同定されている。すべての生物に存在する。

（注9）**ブレオマイシン（bleomycin）**　一九六六年、梅澤濱夫博士によって発見された抗がん剤で、扁平上皮《へんぺい》がん・悪性リンパ腫《しゅ》など悪性腫瘍の治療に用いられる。がん細胞のDNAを損傷すると考えられている。

（注10）**ペニシリン（penicillin）**　イギリスの細菌学者、アレクサンダー・フレミングがアオカビ（*Penicillium notatum*）から見いだした世界初の抗生物質である。特徴的なβラクタム環と呼ばれる構造を持つ。

（注11）**志賀潔**　一八九八年北里柴三郎の指導により赤痢菌を発見して一躍世界に知られる。細菌学者。文化勲章受章。一九四八年日本学士院会員。赤痢菌の学名は、発見者志賀にちなんで *Shigella dysenteriae* という。

（注12）**トリパノソーマ（Trypanosoma）**　原生生物で幅広い宿主に感染し、アフリカ睡眠病をはじめとするさまざまな病気（総称してトリパノソーマ症）を引き起こす。

（注13）**トリパンレッド（trypan red）**　エーリッヒが発見したアゾ基（-N=N-）を持つ色素で、トリパノソーマに有効である。

（注14）**秦佐八郎**　一九一〇年、当時難病であった梅毒の特効薬サルバルサン（砒素《ひそ》化合物製剤六〇六号）をドイツのパウル・エーリッヒ（一九〇八年ノーベル生理学・医学賞受賞）とともに開発した。細菌学者。

学士院会員。

（注15）**梅毒**　スピロヘータの一種である梅毒トレポネーマという細菌による慢性の全身性感染症で、症状のある顕性梅毒と症状のない潜伏梅毒に分けられる。性行為により感染する性感染症（sexually transmitted disease：STD）。

（注16）**スピロヘータ（Spirochaeta）**　広く自然界にいるらせん状の細菌の一群で、梅毒、回帰熱、ライム病などの感染症を起こす。細胞壁は薄く、またエンベロープも流動性に富んでいるため、細胞体は柔軟である。この柔軟性と鞭毛《べんもう》の働きによって、スピロヘータは活発な運動をする。

（注17）**サルバルサン（salvarsan）**　世界最初の化学療法剤で、ドイツのパウル・エーリッヒと日本の秦《はた》佐八郎が合成した有機ヒ素化合物で、スピロヘータ感染症（梅毒）の特効薬である。毒性を持つヒ素を含む化合物で副作用が強いため、今日では医療用としては使用されていない。

（注18）**セルマン・ワクスマン**　米国の微生物学者。ウクライナ出身のユダヤ人。土壌微生物が出す有機化合物とその分解を研究し、ストレプトマイシンを産生する菌を発見。産生する物質を抗生物質（antibiotics）と名づけた。一九五二年ノーベル生理学・医学賞を受賞した。

（注19）**放線菌**　抗生物質の大部分を産生する細菌で、放線菌の多数を占めるストレプトマイセス属（*Strepto-myces*、ストレプトマイシンの名の由来）が多い。主に土壌中に棲息《せいそく》する。ゲノムの大きさは九〇〇万塩基対（bp:base pair）で、細菌の中ではかなり大きい。

（注20）**ストレプトマイシン（streptomycin）**　一九四四年にワクスマンが発見した結核に有効な初めての抗生物質。バクテリアのタンパク質合成を阻害することにより、バクテリアの成長や代謝を停止させる。

（注21）**水野左敏**　薬学者。東北大学薬学出身。元国立予研生物活性物質部部長。二〇〇九年、瑞宝小綬章叙勲、東北公益文科大学教授。感染症制圧～地域に根ざした脱温暖化・環境共生社会の研究開発一筋に貢

献した。

（注22）**カナマイシン（kanamycin）**　放線菌 *Streptomyces kanamyceticus* から一九五七年に梅澤濱夫博士によって発見されたアミノグリコシド系抗生物質の一種。日本で最初に発見された抗生物質。

（注23）**坂口フラスコ**　「振盪《しんとう》フラスコ」や「肩付きフラスコ」とも呼ばれ、往復振盪培養を行う際に使用されるフラスコである。第二次大戦中、東京帝国大学農学部の坂口謹一郎博士の研究室で開発されたため、博士の名前を取って坂口フラスコと命名。上部に長い首を持ち、下部は半球状になっている。この特殊な形によって振盪の際に飛沫《ひまつ》が上がりにくく、高い通気量を得ることができる。

（注24）**岡西昌則**　応用微生物学者。理学博士。元万有製薬探索研究所長。元玉川大学農芸化学教授。放線菌の遺伝生化学の権威として知られる。製薬企業研究所から出向してきた多くの若手研究者の育成に貢献した。

（注25）**プラスミド（plasmid）**　細菌や酵母の核外に存在し、細胞分裂によって娘細胞へ引き継がれるＤＮＡ分子の総称。一般的に環状の二本鎖構造を取り、染色体のＤＮＡとは独立して複製を行う。プラスミドは通常の生命活動に必要な遺伝子は持っていない。

（注26）**ファージ（phage）**　細菌に感染するウイルスの総称。正式にはバクテリオファージと呼ばれる。ファージの基本構造は、タンパク質の外殻と遺伝情報を担う核酸（主に二本鎖ＤＮＡ）からなる。二十世紀初頭にアーネスト・ハンキンとフレデリック・トウォートによって独立に発見された。

（注27）**富澤純一**　大阪大学教授、米国国立衛生研究所（ＮＩＨ）分子遺伝研究部長などを経て、一九八九年国立遺伝学研究所長。日本の分子生物学の草分け。ＲＮＡによってＤＮＡ複製が制御されることを発見した。世界的に著名な分子生物学者、日本学士院会員、文化功労者。博士および、故夫人による寄付金により、二〇一一年、「日本分子生物学会若手研究助成　富澤純一・桂子基金」を立ち上げた

（注28）**腎盂腎炎**　細菌感染による腎盂ならびに腎質の炎症。臨床症状として血尿、混濁尿、膿尿《のうにょう》、細菌尿、発

熱を特徴とし、容易に敗血症や播《は》種《しゅ》性血管内凝固症候群（ＤＩＣ）、急性呼吸窮迫症候群（ＡＲＤＳ）を起こす。

（注29）**長野敬**　生物学者。医学博士。自治医大名誉教授。東京大学理学部植物学出身。河合文化教育研究所主任研究員。生命、進化、遺伝関連の海外出版物の多くの翻訳家としても知られている。六〇年間におよそ一〇〇冊以上の翻訳書がある。

（注30）**ＡＴＰ（アデノシン三リン酸）**　アデノシンのリボース（糖）に三分子のリン酸が付き、二個の高エネルギーリン酸結合を持つ化合物で、正式名は「Adenosine 5'-Triphosphate」。通常、短縮形で「ＡＴＰ」と呼ばれている。ＡＴＰ分解酵素の働きによってＡＴＰが加水分解すると、一つのリン酸基（Ｐ）がはずれてＡＤＰ（アデノシン２リン酸）になり、その際にエネルギーを放出する。生命現象の反応はこのエネルギーを使って行われる。

（注31）**リボース（ribose）**　糖の一種で、五炭糖である。核酸の塩基と結合してリボ核酸を構成する糖として知られている。

（注32）**ATPase**　ＡＴＰをＡＤＰとリン酸に加水分解する酵素の総称。このとき発生するエネルギーをさまざまな生体反応に利用する。

（注33）**ＴＣＡサイクル**　「クエン酸回路」とも呼ばれる。そのほかに、トリカルボン酸回路、クレブス回路（Krebs cycle）などと呼ばれる場合もある。ミトコンドリアのマトリックスで行われる九段階の反応からなる環状の代謝経路である。

（注34）**生体膜**　細胞や細胞小器官が持つ、外界との境界の膜の総称で、特有の脂質二重構造を持つ。厚さは７〜10ナノメートル。

（注35）**早石修**　生化学者。医学博士。京都大学名誉教授。大阪バイオサイエンス研究所理事長。アメリカ合

衆国カリフォルニア州生まれ。トリプトファンの新しい代謝経路を明らかにし、ベンゼン環を開裂する酸素添加酵素（ピロカテカーゼ）を発見したことが知られている。京都大学医学部医化学教室の主任教授として、多くの研究者を育てた。

（注36）**Na^+, K^+-ATPase**　細胞内でのＡＴＰの加水分解と共役して細胞内からナトリウムイオンを汲《く》み出し、カリウムイオンを取り込む酵素。ナトリウム-カリウムポンプ（Na^+, K^+ポンプ）または単にナトリウムポンプ（Na^+ポンプ）とも呼ばれ、ヒトのすべての細胞膜に共通して見られる。

（注37）**Ca^{2+}-ATPase**　小胞体膜にあり、ＡＴＰの加水分解と共役して、カルシウムイオンを細胞外に排出する酵素。

（注38）**ラウリル硫酸ナトリウム**　陰イオン性界面活性剤の一つ。ドデシル硫酸ナトリウム（sodium dodecyl sulfate: SDS）とも呼ばれる。

（注39）**SDS（ドデシル硫酸ナトリウム）**　ラウリル硫酸ナトリウムの別名。ＳＤＳは略号。

（注40）**SDS-PAGE**　ポリアクリルアミドゲル電気泳動（Poly-Acrylamide Gel Electrophoresis: PAGE）は、アクリルアミドの重合体であるポリアクリルアミドのゲルを使用した電気泳動によりタンパク質や核酸を分離する方法。試料をＳＤＳで変性させる方法をSDS-PAGEという。

（注41）**ペプチド**　アミノ酸とアミノ酸が結合して、二個以上つながった構造のものをいう。

（注42）**PNAS誌**　「米国科学アカデミー紀要」（Proceedings of the National Academy of Sciences of the United States of America、PNASまたは、Proc. Natl. Acad. Sci. USA）は、一九一四年に創刊された米国科学アカデミー発行の機関誌。生物科学・医学の分野でインパクトの大きい論文が数多く発表されている。総合学術雑誌として、Nature誌、Science誌と並び重要である。

（注43）**一次構造**　タンパク質を構成するアミノ酸の順序のみを表現した構造のこと。タンパク質は、鎖間の

結合である二次構造やより高次の構造が形成されて、成熟した機能を持つ分子になる。

（注44）**サブユニット**　一つの機能を持つタンパク質が数個のポリペプチド鎖の集合から成るとき、一個のポリペプチド鎖をサブユニットという。

（注45）**化学装飾**　タンパク質やＤＮＡなどの分子内に含まれる特定の反応性に富む構造部分を化学的に変化させて、活性や反応性などの機能を変化させること。

（注46）**アイソトープ**　同位体、同位元素、放射性同位元素ともいう。原子番号が等しく、質量数が異なる原子を互いに同位体であるという。同位体は原子記号の左肩に質量数をつけて区別する。

（注47）**高速液体クロマトグラフィー（ＨＰＬＣ）**　High performance liquid chromatography：ＨＰＬＣは、カラムクロマトグラフィーの一種。機械的に高い圧力をかけることによって溶媒を高流速でカラムに通し、これにより分析物が固定相にとどまる時間を短くして分離能・検出感度を高くすることを特長とする。

（注48）**ラジオアナライザー**　超高感度の放射線ＨＰＬＣ検出システム。分画されて出てくる画分を、タンパク質の吸収と放射線の測定を同時にできる。

（注49）**プロテインシーケンサー**　タンパク質やペプチドのアミノ酸配列（シーケンス）を決定する装置。有機試薬を用いて化学反応をさせると、一つずつアミノ酸が切断・遊離する。この分解操作を自動的に繰り返し、遊離したアミノ酸を順に同定していく装置。

（注50）**香川靖雄**　生化学者。医学博士。東京帝大医学部出身。自治医大名誉教授。現在、女子栄養大学副学長。一九六五年から二年間 New York 市公衆衛生研究所生化学部(フルブライト研究員)。米国コーネル大学分子生化学生物学客員教授。女子栄養大学栄養科学研究所長。日本医師会医学賞・紫綬褒章・瑞宝中綬章叙勲。ＡＴＰ合成酵素の分子機構、最近は時間栄養学や生活習慣病の研究で知られる。国内外問

わずか数々の大学で教鞭をふるい、「世界一受けたい授業」の教授として知られる。

（注51）**ナトリウムポンプ**　ナトリウムイオンを汲み出し、代わりにカリウムイオンを取り込むしくみ。細胞内のナトリウムイオン濃度を細胞外に比べて常に低くする役割を持つ。細胞膜に存在するナトリウム‐カリウムATPアーゼ（Na^+, K^+-ATPase）がこのしくみに関与する。

（注52）**遺伝子クローニング**　遺伝子は、DNAの中でタンパク質を作る情報を持っている。DNAの中から、目的のタンパク質の情報を持った遺伝子部分を特定し、その部分だけを取り出し（単離）、大量に増やす（増幅）ことを指す。その遺伝子を単離・増幅するには、組み換えDNA技術を用いてベクターにつなぐことが必要になる。

（注53）**小胞体（ER）**　ER：endoplasmic reticulum　真核生物の細胞小器官の一つであり、一重の生体膜に囲まれた板状あるいは網状の膜系。核膜の外膜とつながっている。電子顕微鏡による観察でその存在が明確になった。

（注54）**カルシウムポンプ**　イオンポンプの一種で、細胞内と細胞外のカルシウムイオン濃度の調節のために、細胞膜にある機能のこと。膜にあるCa^{2+}-ATPaseやNa^+, Ca^{2+}-ATPaseの酵素がその役割を担っている。

（注55）**cDNA**　mRNAから逆転写酵素を用いた反応によって合成されたDNA。相補的DNA（complementary DNA）といい、complementaryの頭文字を取って、cDNAと省略される。

（注56）**アセチルコリンレセプター**　神経伝達物質であるアセチルコリンにより刺激を受けて、作動する受容体（レセプター）タンパク質。代謝調節型のムスカリン受容体とイオンチャネル型のニコチン受容体の二種類がある。

（注57）**沼正作**　生化学者。元京都大学医学部教授。フィリップ・フランツ・フォン・シーボルト賞、朝日賞、日本学士院賞など多数の学術賞受賞。神経伝達物質受容体とイオンチャネルの分子構造を世界で初めて

解明した。筋興奮収縮関連の研究にも尽力した。

（注58）**組換えＤＮＡ技術**　一九七三年に米国で開発された、遺伝子を細胞に導入し発現させる技術。試験管内で制限酵素や連結酵素などの酵素を用いて、遺伝子であるＤＮＡ断片と、細胞内で複製されるＤＮＡ分子（ベクター、運搬体）を結合した組換えＤＮＡ分子を作製し、この組換え体を細胞内に入れて（遺伝子導入）、複製・発現させる技術。

（注59）**逆転写酵素**　一本鎖ＲＮＡを鋳型としてＤＮＡを合成（逆転写）する酵素、ＲＮＡ依存性ＤＮＡポリメラーゼ（RNA-dependent DNA polymerase）のこと。ＤＮＡ→ＲＮＡではなく、ＲＮＡ→ＤＮＡの方向に反応を触媒するので、逆転写酵素（Reverse transcriptase）と呼ばれる。一九七〇年、ハワード・マーティン・テミンとデビッド・ボルティモアによりそれぞれ独立に見いだされた。

（注60）**制限酵素**　二本鎖のＤＮＡの特定の配列のみ認識して切断する酵素の一種。必須因子や切断様式により三種類に大別される。多様な制限酵素の認識する塩基配列のパターンもいろいろである。この酵素の発見によりＤＮＡの加工ができるようになり、遺伝子組換え実験が可能となった。

（注61）**連結酵素（ＤＮＡリガーゼ）**　ＤＮＡを連結する酵素、ＤＮＡリガーゼとも呼ばれる。ＤＮＡ鎖の3′側（OH 末端）と5′側（リン酸末端）をリン酸ジエステル結合で連結する。すべての細胞に含まれていると考えられており、ＤＮＡの複製、修復あるいは組換えなどに必須である。

（注62）**クローン**　同一の起源を持ち、かつ均一な遺伝情報を持つ集まりのこと。核酸、細胞、個体の各々についてクローンがある。

（注63）**サンガー法**　一九七七年、サンガーらにより開発された塩基配列決定法。ジデオキシ法または、鎖停止法と呼ばれ広く知られている。これはＡ、Ｔ、Ｇ、Ｃの四種の塩基のＤＮＡ合成系を用意し、そこに低濃度の鎖停止ヌクレオチド（ターミネーター）を加えて反応させるようにした方法である。

（注64）**マキサムギルバート法**　一九七〇年代の後半、マキサムとギルバートによって発案された最初の実用的なＤＮＡ配列決定技術。5′末端を ^{32}Pで標識した一本鎖ＤＮＡを塩基特異的な化学反応で限定的に分解し、ゲル電気泳動によってそれぞれの切断位置を決めて配列を読み取る。

（注65）**ＡＴＰ合成酵素**　プロトン濃度勾配と膜電位からなるプロトン駆動力を用いて、ＡＤＰとリン酸からアデノシン三リン酸（ＡＴＰ）の合成を行う酵素。ＡＴＰ分解を触媒するATPaseの一種である。別名ＡＴＰシンターゼ・F_0F_1-ATPaseとも呼ばれる。

（注66）**ポール・ボイヤー**　ウィスコンシン大学出身、カリフォルニア大学ロサンゼルス校教授。同大分子生物学研究所所長。一九九七年に生体内のエネルギー源であるアデノシン三リン酸（ＡＴＰ）の合成と分解に関する酵素の先駆的研究により、英国分子生物医学研究所のジョン・Ｅ・ウォーカー、デンマークのオーフス大学教授イェンス・スコウとともにノーベル化学賞を受賞した。

（注67）**F_0F_1-ATPase**　プロトン（水素イオン）がミトコンドリアの外から中へ移動するのと共役してATPを合成する酵素。ＡＴＰ合成酵素の別名。

（注68）**ジョン・Ｅ・ウォーカー**　イギリスの化学者。オクスフォード大学出身。ウィスコンシン大学マディソン校教授。アデノシン三リン酸（ＡＴＰ）合成酵素の機構の解明により、アメリカ人化学者のポール・ボイヤーとともにノーベル化学賞を受賞した。

（注69）**熱ショックタンパク質（Heat Shock Protein：HSP）**　細胞が熱などのストレス条件下にさらされたとき、発現が一過性に上昇して細胞を保護するタンパク質の一群であり、分子シャペロンとして機能する。ストレスタンパク質（Stress Protein）とも呼ばれる。一九七四年、アルフレッド・ティシェールらにより、ショウジョウバエの幼虫を高温にさらすとある特定のタンパク質が素早く発現上昇することが報告され、初めて発見された。

（注70）**分子シャペロン（molecular chaperone）**　他のタンパク質分子が正しい折りたたみ（フォールディング）をして機能を獲得するのを助けるタンパク質の総称である。HSP70やHSP60が関与する。
（注71）**フォールディング（folding）**　タンパク質が特定の立体構造に折りたたまれる現象。
（注72）**シャペロニン**　タンパク質のフォールディングを助けるすべての細胞に必須の分子シャペロンの一種。細菌のシャペロニンはGroEL（HSP60）と呼ばれている。その形は「かご」状のリングが二層に重なった構造を取る。GroELはATPの結合にともなって、補助因子である「ふた」状のGroES（HSP10）と複合体を形成する。このGroEL-GroES複合体の内部には巨大な空洞ができて、その中でタンパク質のフォールディングが最後まで進行する。
（注73）**GroEL**　大腸菌HSP60の遺伝子名。
（注74）**GroES**　大腸菌HSP10の遺伝子名。
（注75）**DnaK**　大腸菌HSP70の遺伝子名。
（注76）**ユビキチン（ubiquitin）**　他のタンパク質の修飾に用いられ、七六個のアミノ酸からなるタンパク質。タンパク質分解、DNA修復、翻訳調節、シグナル伝達などさまざまな生命現象にかかわる。すべての真核生物でほとんど同じアミノ酸配列を持っているが、真正細菌には存在しない。
（注77）**プロテアソーム（proteasome）**　タンパク質の分解を行う巨大な酵素複合体。真核細胞の細胞質および核内のいずれにも分布している。ユビキチンにより標識されたタンパク質をプロテアソームで分解する系はユビキチン-プロテアソームシステムと呼ばれ、細胞周期制御、免疫応答、シグナル伝達といったさまざまな働きにかかわる機構である。
（注78）**常在細菌叢**　常に体内の決まった部位に集団で共生している微生物。
（注79）**黄色ブドウ球菌**　ヒトや動物の皮膚、消化管の常在菌であるブドウ球菌の一つ。学名は*Staphylococc-*

us aureus*。多種多様な毒素を産生する。ヒトの膿瘍等のさまざまな表皮感染症や食中毒、また肺炎、髄膜炎、敗血症など致死的となるような感染症の起因菌でもある。

（注80）**DNAアレイ**　細胞内の遺伝子発現量を測定するために、多数のDNA断片をプラスチックやガラスなどの基板上に高密度に配置した分析用の器材。DNAチップとも呼ばれる。

（注81）**林英生**　細菌学者。岡山大学医学部出身。香川医科大学教授、筑波大基礎医学系教授を経て、筑波大名誉教授。元中国学園大学教授。元日本細菌学会理事長。病原細菌ゲノム配列解析の拠点長として細菌学会を主導した。

（注82）**バイオインフォーマティクス（bioinformatics）**　生命情報科学。生物学のデータを情報科学の手法によって解析する学問および技術である。生物学のゲノム解析による大量のデータが生み出される。

（注83）**二倍体（2n）**　生物の生活環の一時期において、生存に必要な最小限の染色体の一組（ゲノム）を何セット持つかを示すことを倍数性という。有性生殖をする動物の多くは、両親から配偶子を通してそれぞれ一セットのゲノムを受け取り、計二セットのゲノムを持つ二倍体（ヒトは2n＝46）である。

（注84）**常染色体**　雌雄の性を決定する遺伝子を持たない染色体。男性も女性も、一つの体細胞には、常染色体が四四本ある。

（注85）**性染色体**　雌雄の性を決定する遺伝子を持つ染色体。男性には、男性に固有の性染色体が二本、女性には、女性に固有の性染色体が二本ある。

（注86）**塩基対**　核酸を構成する塩基が水素結合によって対合したもの。bp(base pair）と略号で表記することもある。アデニンはチミン（RNAの場合はウラシル）と、グアニンはシトシンと特異的な塩基対を作る。

（注87）**V-SA(vancomycin-intermediated resistant *Staphylococcus aureus*)**　バンコマイシンに

中程度耐性の黄色ブドウ球菌。

（注88）**ランダムショットガン法**　長いＤＮＡの塩基配列の決定に対して適用される配列決定手法。まず長い配列を短いランダムな断片としてクローニングし、最初にそれらの配列を決定する。このとき一本の長いＤＮＡ鎖からたくさんのコピーを取り、断片同士がオーバーラップするようにしておく。最終的に、これらのオーバーラップ部分についてコンピューター上でアライメントを行い、元の長い塩基配列を決定する。

（注89）**ソニケーター**　超音波を発生させて細胞を破砕する装置のこと。細胞、バクテリア、組織の破砕などに用いられる。

（注90）**インサーションエレメント（Insertion element：IS）**　可動性のＤＮＡ断片。同種または同属内の菌細胞間では移動することができ、しかも遺伝子として機能することができる。ＩＳの大きさは、最も小さくて細菌の染色体ＤＮＡの一〇〇〇分の一〜一万分の一に相当し、ＩＳの小さいものはウイルスＤＮＡとほぼ同じくらいのものもある。

（注91）**トランスポゾン（Transposon：Tn）**　細胞内においてゲノム上の位置を転移（transposition）することのできる塩基配列。動く遺伝子、転移因子（Transposable element）とも呼ばれる。ＤＮＡ断片が直接転移するＤＮＡ型と、転写と逆転写の過程を経るＲＮＡ型がある。

（注92）**リボソームＲＮＡ（rRNA）**　リボソームを構成するＲＮＡ。通常、rRNAと省略して表される。ＲＮＡとしては生体内で最も大量に存在する。原核生物では沈降係数に由来する命名の23Sと5Sがリボソーム大サブユニットに、16Sが小サブユニットに含まれる。通常、16S、23S、5Sの順に並んだオペロン構造を持っている。真核生物の大サブユニットには一般に28Sと5.8S、5S rRNA、小サブユニットには18S rRNAが含まれるが、種によってその数字には若干の違いがある。ヒトにおいてはこのうち28S、

5.8S、18S rRNAは一つの転写単位に由来する。これはrRNA前駆体と呼ばれる約2kbのRNAであり、RNAポリメラーゼⅠによって核小体で転写される。

（注93）**リピート配列（反復配列）**　生物ゲノム中に繰り返し何度も出現する一定の塩基配列の単位。反復配列とも呼ばれる。

（注94）**田中勲**　構造生物化学者。大阪大学理学部化学科出身。北海道大学教授。構造ゲノム科学やタンパク質のX線構造解析の専門家として知られている。各種学会の評議員・会長などを歴任。

（注95）**NMR（Nuclear Magnetic Resonance）**　外部静磁場に置かれた原子核が固有の周波数の電磁波と相互作用する現象を核磁気共鳴（NMR）という。有機化合物の構造決定において広く利用されている方法。原子核のスピン状態を測定することにより、構成原子の水素と炭素の構造上の情報が得られる。

（注96）**国際宇宙ステーション（ISS）**　地上から約四〇〇キロメートル上空に建設された巨大な有人実験施設（International Space Station：ISS）。アメリカ合衆国、ロシア、日本、カナダおよび欧州宇宙機関が協力して運用している宇宙ステーションである。地球および宇宙の観測、宇宙環境を利用したさまざまな研究や実験を行っている。

（注97）**宇宙放射線**　宇宙環境に存在する電離放射線。放射線の中で電離を起こすエネルギーの高いものを電離放射線という。X線やガンマ線などの電磁波のほか、陽子、中性子、電子、アルファ線（α線）、重粒子などの粒子線からなる。その量は、地上から高度が上がり、各種大気層（対流圏、成層圏、中間圏、熱圏）を過ぎるにつれ急激に増加する。

（注98）**太陽粒子線**　太陽活動により宇宙空間に放出される粒子線のこと。

（注99）**粒子線**　イオン化された原子や分子などの粒子の集団が束状になって進んでいく状態を「線」という。粒子線の代表的なものとして、電子線、陽子線、中性子線などがある。

(注100) **二次粒子線**　宇宙から来た一次宇宙線が大気の原子核と衝突して発生した粒子線のこと。

(注101) **骨粗しょう症**　骨量の減少と骨組織の微細構造の異常などで骨がもろくなり、骨折が生じやすくなる疾患。

(注102) **破骨細胞**　骨を破壊（骨吸収）する役割を担っている細胞。Osteoclast ともいう。五〜二〇個（あるいはそれ以上）の核を持つ多核の細胞である。細胞質は好酸性を示し、酸性ホスファターゼ活性を有している。骨は常に、骨を作る骨芽細胞と骨を壊す破骨細胞が働いている。

(注103) **骨芽細胞**　骨組織において骨形成を行う細胞。Osteoblast ともいう。細胞質は好塩基性を示し、アルカリホスファターゼ活性を有している。

(注104) **ビスフォスフォネート（bisphosphonate）**　破骨細胞の活動を阻害し、骨の吸収を防ぐ薬剤。骨粗しょう症、変形性骨炎（骨パジェット病）、腫瘍《しゅよう》の骨転移、多発性骨髄腫、骨形成不全症、そのほか骨のもろさを特徴とする疾患の予防と治療に用いられる。

(注105) **加齢性筋力低下症（サルコペニア）**　加齢に伴う筋量や筋力が減少する疾患のこと。

(注106) **有酸素トレーニング**　ゆっくり、長く、一定の動作を繰り返す運動。一般的には「身体にある程度以上の負荷をかけながら、ある程度長い間継続して行う運動」はすべて有酸素運動と見なすことができる。

(注107) **ホルター心電計**　携帯型の心電計。電極を胸に張り付け、これにコードでつながる小型心電計を腰や肩ベルトを用いたキャリングケースに入れて携帯する。通常、一日単位（二四時間）で日常生活中の心電図を連続記録する。

(注108) **アクチウォッチ**　利き腕でない方に装着するだけで、体動を活動量として記録する計測器。体動のレベルとその頻度に対応した信号をアクセロメータ（加速度計）により発生させる。

(注109) **簡易脳波計**　特別な準備や知識を必要とせずに、誰でも簡単に脳波を測定することができる簡易型の

脳波計。小型で軽量である。

（注110）**血中酸素飽和度計**　パルスオキシメーター（pulse oximeter）ともいう。プローブを指先や耳などに付けて、侵襲せずに脈拍数と経皮的動脈血酸素飽和度（SpO_2）をモニターする医療機器。モニター結果を内蔵メモリーに記録できるものや腕時計のような小型のものもある。

（注111）**マラセチア菌**　人の地肌に存在する常在真菌（カビ）の一種。皮脂や湿気の多い場所を好む。皮脂を分解する酵素のリパーゼを分泌し、皮脂を脂肪酸とグリセリンに分解する。

（注112）**自然免疫**　病原体などの外来異物から体を守るため、生体に備わっている免疫のしくみ。初めて病原体を攻撃するときに、抗体や特殊な傷害性リンパ球をつくる。

（注113）**NK細胞**　ナチュラルキラー細胞のこと。自然免疫の主要因子として働く細胞傷害性リンパ球の一種で、ウイルス感染や細胞の悪性化等によって体内に異常な細胞が発生した際に、すぐにそれらを攻撃する初期防衛機構として働く。

（注114）**IgA（免疫グロブリンA）**　IgA は Immunoglobulin A の略称。外分泌液内の5種の免疫グロブリン（A、G、M、E、D）中で最も重要な免疫グロブリン。唾液、涙、鼻汁、乳汁、消化液などに存在する免疫グロブリンの大部分を占める。主として小腸粘膜、気道粘膜で産生される血漿《けっしょう》タンパク質で、外来異物が侵入したときいち早く異物と反応する。

（注115）**ビジランス**　緊張状態が維持されている覚醒《かくせい》度のこと。ビジランスの水準を長時間一定に保つことは困難であり、ビジランスの水準が低下すると信号検出のミスが生じる。

（注116）**ベッドレスト**　ベッドで寝たまま動かずに不動状態（寝たきり状態）で過ごすこと。微小重力環境の状態を模擬する場合、頭部側を六度下方に傾けたベッドを用いる。

参考文献

(1) 『碧素――国産ペニシリン開発の旗振り稲垣軍医少佐と一高生学徒動員――』稲垣晴彦編著　日経事業出版センター　二〇〇五

(2) 『抗生物質を求めて』梅澤濱夫著　文藝春秋　一九八七

(3) Okanishi M. *et al.* (1970) Possible control of formation of aerial mycelium and antibiotic production in *Streptomyces* by episomic factors. J Antibiotics 23:45-47.

(4) Ohta T. *et al.* (1986) The active site structure of Na^+/K^+-transporting ATPase: Location of the 5'-(p-fluorosulfonyl)benzoyladenosine binding site and soluble peptides released by trypsin. Proc. Natl.Acad.Sci.USA, 83:2071-2075.

(5) Ohta T. *et al.* (1986) Structure of extra- membranous domain of the α -subunit of (Na,K)-ATPase revealed by the sequences of its tryptic peptides. FEBS Lett., 204:297-301.

(6) Kawakami K. *et al.* (1985) Primary structure of the α -subunit of Torpedo californica ($Na^+ + K^+$) ATPase deduced from cDNA sequence. Nature, 316:733-736.

(7) Sakikawa C. *et al.* (1999) On the Maximum Size of Proteins to Stay and Fold in the Cavity of GroEL underneath GroES. j. Biol. Chem., 274:21251-21256.

(8) 太田敏子(2012)「目に見えないヒト常在菌叢のネットワークをのぞく」宇宙航空環境医学 49:37-51.

(9) Kuroda *et al.* (2001) Whole genome sequencing of meticillin -resistant *Staphylococcus aureus.* Lancet, 357:1225-1240.

(10) Kuroda M. *et al.* (2005) Whole genome sequence of *Staphylococcus saprophyticus* reveals the pathogenesis of uncomplicated urinary tract infection. PNAS 37:13272-13277.

(11) Tanaka Y. *et al.* (2007) Structural and Mutational analyses of Drp35 from *Staphylococcus aureus*: a possible mechanism for its lactonase activitity. J. Biol. Chem, 282:5770-5780.
(12) LeBlanc AD *et al.* (2007) Alendronate as an effective countermeasure to disuse induced bone loss. J Musculoskelet Neuronal Interact 7(1):33-47.
(13) LeBlanc A *et al.* (2013) Bisphosphonates as a supplement to exercise to protect bone during long duration space flight. Osteoporos Int. 24:2105-14.
(14) Akima H *et al.* (2000) Effect of short-duration spaceflight on thigh and leg muscle volume. 32:1743-7.
(15) Fits RH *et al.* (2010) Prolonged space flight-induced alterations in the structure and function of human skeletal muscle fibres. J Physiol 588:3567-92.
(16) Sandri *et al.* (2004) Foxo transcription factors induce the atrophy-related ubiquitin ligase atrogin-1 and cause skeletal muscle atrophy. Cell 117:399-412.
(17) Nikawa *et al.* (2004) Skeletal muscle gene expression in space-flown rats. FASEB J 18:522 -524.
(18) JAXA J-SBRO Annual Report 2011
(19) Yamaguchi *et al.* (2014) Microbial monitoring of crewed habitats in space-current status and future perspectives. Microbes Environ. 29:250-260.
(20) JAXA J-CASMHR Annual Report（ISSN1349-113X JAXA-SP-14-002）2012-2013
(21) Human Research Program (HRP) NASA 2010

第2章

大学人・組織人としての足跡

人々との出会いと組織の役割

序章で述べたように、本章は、これまで私がかかわった四つの大きな組織、国立予防衛生研究所、自治医科大学、筑波大学、宇宙航空研究開発機構について各機関の役割を説明し、その機関における組織人としての立場で担ってきたこと、人々との出会い、感じたことなど私自身の経験を紹介します。

1．国立予防衛生研究所

1―1　国民の感染症制圧を目指す研究所

国立予防衛生研究所（以下 国立予研、National Institute of Health in Japan：NIHJ）は、「感染症を制圧し、国民の保健医療の向上のために広く感染症に関する研究を先導的に行い、国の医療行政を支援すること」を目的として設置された国（現、厚生労働省）が管轄する研究所です。その時代に社会問題となっている医学研究が、国家戦略として行われています。一九四五年、第二次世界大戦の終戦を迎えたとき、日本の衛生状態は極めて悪く、結核、腸チフス、赤痢、ジフテリア、日本脳炎、寄生虫感染など多くの感染症が蔓延《まんえん》し国民の死亡率も高かったのです。しかも、本来日本にない感染症も外地から帰国してくる兵隊により持ち込まれ、感染症対策は戦後の新しい社会をつくるため、国の最重要課題でした。そこで、一九四七年、研究部、検定部、試験製造部の三つの部門と事務部門からなる国立研究所が設立されました。国立予研は、感染症の基礎・応用研究と抗生物質やワクチンの国家検定を業務として、わが国の感染症制圧にかかわる中心的な役割を担いました。今では研究所そのものが新宿の近代的な新しい建物に移転し、国立感染症研究所と名称も変わりました。また、研究対象が従来の感染症から現代感染症へ変遷したことに伴い、二〇一五年四月より国立研究開発法人日本医療研究開発機構も設立され、研究開発もさらなる進化を遂げています。

1―2　国の組織としての研究――応用科学の凄《すさ》まじさ

ＪＲ目黒駅の北側にある古めかしい石の建物が旧陸軍病院であったことを知る人は少なくなりました。そこは、都会の喧噪《けんそう》とは対照的な場所でした。うっそうとした緑の木々をくぐって門を入ると、いかにも重厚な研究所らしい石の建物がどっしりと構えていました。これが私の研究者としてスタートを切った研究所です。私は大学を卒業すると、推薦されて試験を受け、国立予研の厚生技官（研究職）となり、抗生物質部に配属されたのです。この古びた石の建物の二階にかつて私の所属した抗生物質部の研究室がありました。

抗生物質部の部長は文化勲章や国内外の数々の医学賞を受けられた梅澤濱夫先生でした。

私は、先生の率いる抗生物質部で仕事をすることになるとは夢にも思いませんでした。しかも、最若輩の私には〝抗生物質の父〟と呼ばれる梅澤先生の偉大さの質がまるで分かっていなかったのです。私が本当の意味で彼の輝かしい業績を知ることになったのは、ずっと後になってからでした。

初めて知る応用科学の凄まじさ

抗生物質部は、部長以下三〇名以上の職員が働いており、菌学室、生物室、化学室、製剤室、動物室、工場（タンク培養）の六つの部署がありました。そこではそれぞれ、生産菌を分離するチーム、生物活性を調べるチーム、培養液から物質を抽出して構造決定するチーム、製剤試験をするチーム、動物試験をするチーム、タンクで大量培養して物質を抽出するチームで成り立っていました。菌学室は部長室とつながっており、室員は忙しい合間を縫って研究室に現れる梅澤先生を最敬礼で出迎えていました。

研究者たちは、それぞれに課せられた業務の合間に関連する研究を行っていました。遺伝子の研究に憧《あこが》れてきたはずの私ですが、その組織的な仕事の進め方に仰天したのは言うまでもありません。そこには「研究者の個」の概念はまったくなかったのです。医療系の目的研究のスケールの大きさを見せつけられました。私は菌学室で仕事をすることになったのですが、古めかしい建物、研究室の異様な臭気、石壁の大きな無菌室、隣の部屋では天井まである鉄の大型蒸気滅菌機が激しく蒸気を噴き上げている様子に、大学の研究室とはあまりに違うことに驚きました。初めて知った応用科学の凄まじさでした。私はその迫力に打ちのめされて次第に自信を失っていきました。国家プロジェクトの意味がよく分かっていなかったのです。

技術職員の女性の力

研究所には、いろいろな職階の人たちが働いていました。職員、非常勤職員、パート職員、製薬会社から出向して来ている人など、実際に立ち働く人数は職員の二倍くらいいました。さらに、大量に出る実験器具などの滅菌・洗浄は専門の部署があり、しかるべき処理をしてそこへ出す体制になっていました。国の組織なのですが、会社の工場のようでした。研究所の業務としての研究は個人のものではなく、国の要請で行っているものであることを思い知らされました。

菌学室の仕事には、大学で学んだ知識がまるで役に立ちませんでした。地方から出てきたという技術職員の女性に私は綿栓《めんせん》の作り方や洗い場（洗浄室）へ出すシャーレや試験管の処理方法を教えてもらいました。その教え方は親切とはほど遠いものであったのですが、失敗してもできるまで教えてくれました。「あなたが作った綿栓は使い物にならない」と罵倒《ばとう》しながらも、なぜ使い物にならないかを分かるまで付き合ってくれたのでした。彼女の前で作ってみて原因が分かったのです。私は左利きだったことです。左利きの人は、作った綿栓をねじ込む方向が右利きと逆になるから、無菌操作のときに右利きの人が使うと崩れてしまうのです。自分を特訓して右利き用の綿栓を上手に作ったことはいうまでもありません。好きこそものの上手なれです。

そして、このことは時代が経過しても私は決して忘れることはありません。その彼女は五〇代のときに他界したことを知りました。技術職員の女性の力は凄《すご》いものがありました。当時の部内にはこのように研究を支える女性がたくさんいたのです。

1―3　国立予研のもう一つの役割

国のワクチンの検定は国立予研で行われていました。ウイルスには抗生物質は効きません。ウイルスによる疾患にはワクチン接種だけが唯一有効な予防手段です。折しも日本では一九六〇年に五〇〇〇人を超えるポリオ（小児マヒ）[注1]患者が発生したのです。

ポリオは、ポリオウイルスが子どもの中枢神経組織へ感染することによって生じる急性ウイルス感染症です。このとき、日本にはポリオ生ワクチンの備蓄がなかったのです。一九五八年、厚生省は国立予研においてソークワクチン[注2]（不活化ワクチン）の国産化を急いでいました。しかし、材料不足、技術不足、資金不足、ポリオの専門知識不足など、関係者の複合的な認識不足は国産ワクチンの製造を遅らせました。加えて、一九五六年にアメリカで開発された経口生ワクチン（セービンワクチン）[注3]の安全性について議論が紛糾し、ポリオ流行対策が行政・学術両面で立ち遅れたのです。

このことは子どもをポリオから守ろうとする母親たちをいっそう不安にさせ、生ワクチン一斉投与をめぐって、厚生省の庁舎や国立予研に多くの母親たちが押し掛けるという大騒動になったのです。日本中の多くの母親を中心にわが子を守るため、大津波のような大運動が各地域で同時多発的に起こったのです。世にいう「ポリオ生ワクチン獲得運動」です。ＷＨＯ（世界保健機関）は、「大衆が立ち上がり戦いの結果ポリオを撲滅した世界史的出来事」と高く評価しました。

このポリオ生ワクチン獲得運動は、ポリオという一つの疾患を通して、母親、医療者、マスコミによる報道などが合流し、全国的に拡大していった運動です[1][2]。この事件があったのは、私が入所するわずか数年前のことであり、ベテランの先輩女性がその混乱の様子を詳しく話してくれました。感染性疾病の克服というのはサイエンスの側面もありますが、社会現象の一つでもあるため、必然的に社会問題になることを知りました。

1―4　放線菌職人として生きた女性研究者、浜田雅《まさ》先生との出会い

出会い

国立予研に近い大崎に、微生物化学研究所（以下、微化研）があります。この研究所は、梅澤先生が発見された抗生物質カナマイシンの特許料をもとに設立された財団法人微生物科学研究所によって設立された研究所です。私は、予研に来る前にその研究所の非常勤研究員の募集に採用されたのです。実験をする仕事場は、近くにある厚生省の国立予研とのことでした。梅澤先生は国立予研の抗生物質部部長とこの研究所所長を兼務しておられました。このとき、私が指導を仰いだのが微化研の浜田雅先生でした（写真10）。浜田先生は、糊《のり》の利いた白衣を着こなし白のナースシューズを履いて鈴

写真10　浜田雅先生。

を振るような声でてきぱき所員を指導していました。お洒落《しゃれ》な美しい女性医師で、私にはとても近寄りがたく、まるで別世界の女性のように思われました。私はと言えば、ニキビに悩む化粧気のない娘で、どんなにか気後れしたことでしょう。当時のことは、『放線菌と生きる』(3)に述べさせていただきました。

放線菌 *Streptomyces* の属名 *Hamadaea*(注4)

私に与えられた仕事は、抗生物質を産生すると思われる有効な放線菌の菌株を培養して保存することでした(写真11)。放線菌というのは、学名 *Actinomycetes*(注5) といい、真正細菌のうち、細胞が菌糸を形成して細長く増殖する形態的特徴を示す細菌を指しています。このうち、*Strepto-myces*(注6) と呼ばれる種がほとんどの抗生物質を産生しているのです。多くは絶対好気性で土壌中に棲息《せいそく》しています(第1章1―3節参照)。

これらを保存するには、培地を作ることと培養の無菌操作が要求されました。その作業は言葉で言うと簡単ですが、かなり専門性が高く、慣れるまで大変でした。無菌操作を失敗すると、空中の雑菌が生えて目的の菌は育たないのです。失敗するたびに菌株を絶やしてしまい、浜田先生の所へ恐る恐る元株をもらいに行ったものです。いつも忙しく立ち働いていた先生は、嫌な顔ひとつされずに気持ちよく菌を植えて分けてくれました。しかも、三〇代の若い先生でありながら、放線菌のことは何でもよく知っておられました。細菌である放線菌を愛《いと》しみ包み込むように育てているように見えました。公私ともに自分の全部の時間を仕事に捧《ささ》げていたのです。この職業人としての姿を前にして、私には到底太刀打ちできない、こういう女性がいるのだ、というのが当時の私の率直な感想でした。彼女を知る人はみな、異口同音に浜田先生は仕事には厳しく、厳密な人であると評していました。

そして、先生は一九七七年に吉岡弥生《よしおかやよい》賞[注7]学術賞を授与されています。先生が五〇歳のときです。この賞は、東京女子医科大学の創始者である吉岡弥生学長を記念して女性医師で医学、または社会へ貢献した人に贈られるものでした。先生はそのころはすでに放線菌学の権威となっておられました。放線菌 *Streptomyces* の属名に *Hamadaea* として名前が残っています。学名に自らの名が残ることは、自然科学者の冥利《みょうり》に尽きるといえましょう。

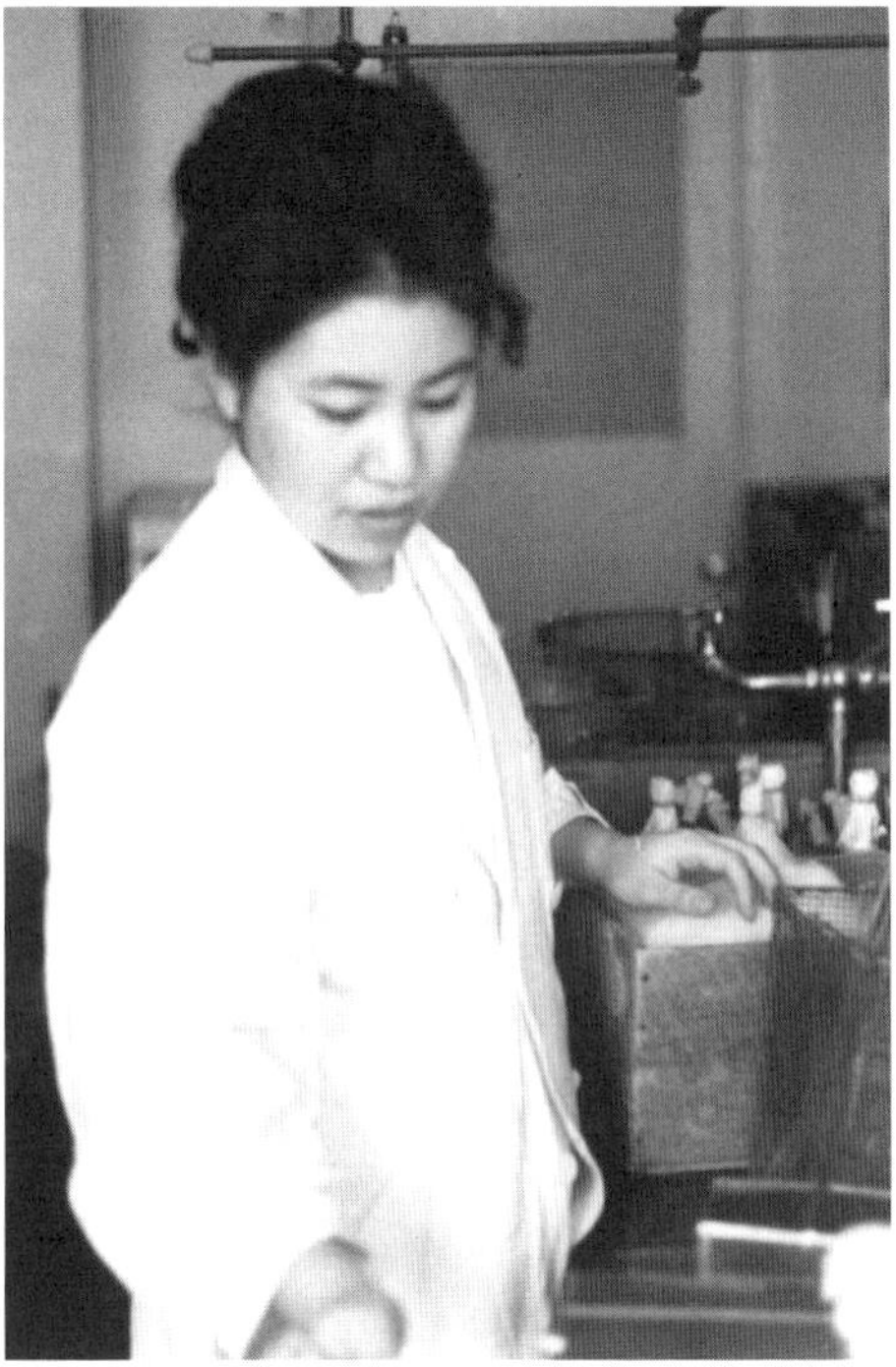

写真 11　国立予研菌学室にて　培養のための培地の綿栓を作製中。

再会

国立予研のような働きがいのある職場と素晴らしい女性研究者との出会いに恵まれてから五年が過ぎたころ、私は薬剤耐性菌による感染症、急性腎盂腎炎《じんうじんえん》に見舞われたのです。詳細は次の第３章で述べますが、入院治療で復帰したものの完治せず、やむなく職を離れるというつらい決断をしました。残念なことに、その後は浜田先生にお目にかかることはなかったのです。

後年の二〇〇五年のことです。船橋で開催された第七八回日本細菌学会で何十年振りかでお元気でな先生に再会したのです。会場のロビーを足早に歩いていたときのこと、「あなたなのね。浜田です」と、鈴の音のように透明なあの声が私を呼び止めたのです。びっくりして見回すと、変わらず素敵な浜田先生がソファーでにこやかに笑っておられました。三〇年余りの長い歳月を経た再会でした。この偶然の再会が、私と晩年の浜田雅先生との親しいお付き合いになるとは誰が想像できたでしょうか。人の「一期一会」のなせる業《わざ》です。何故か先生は堰《せき》を切ったように三〇年間の仕事やいろいろな出来事を私に向かって話し始めました。まるで何年間も合わなかった親子のようでした。遠い昔の先生の放つ眩《まぶ》しさに言葉も出なかった時代を乗り越えて、そのときの私は大学で研究室を構えて学生を教育する立場にあり、大人の人間として話を受け止めることができたのです。浜田先生もきっとある安心感を持って私と話ができたに違いありません。

「私の歳《とし》は細菌学会と同じなのよ。今ね、体は手術でボロボロなの。脳でしょ。心臓でしょ。肝臓でしょ。足に静脈瘤《りゅう》もあるしね」

写真12　京都の日本細菌学会にて　2007年3月、在りし日の浜田先生と一緒に。

「とても綺麗《きれい》で、信じられないほどお若いですよ」と私。

「抗がん剤でなくなった毛が揃《そろ》ったので髪をセットしたからよ。私は毎朝セットに行くの。細菌学会は来年も行くでしょ。足が痛いからご一緒しましょ」

先生は、日本細菌学会の若手育成のための黒屋奨励賞（注8）を授与するために学会に来られていること、その黒屋賞は浜田先生のお父様の遺産によるものであることを初めて知りました。しかも翌年の黒屋賞には私の研究室の若手講師が推薦され受賞することになったのです。それから毎年三月に開催される学会総会のときには必ず一緒に同席しました（写真12）。どんなに忙しくても同じ宿に泊まり、金沢、京都、名古屋、横浜など、学会当日の先生の移動のお手伝いを続けたのでした。そして、その土地の美味《おい》しい料理やお酒に舌鼓を打ち、仕事の話をし、生き方の話をし、いにしえの研究者の噂話《うわさばなし》を聞きながら、諸国を楽しんで回ったものでした。

放線菌職人として生きる

しかしながら、二〇一一年三月一一日の東日本大震災が私と先生との音信を隔ててしまいました。私は、自宅が震災による被害を受け、家の修復作業や併行して起きた肩の痛みの治療に駆けずり回っていたのです。震災が落ち着くと、年賀状が途絶えて心配になり、ご自宅へ電話をしてみました。そこで初めて、先生のご主人の他界に続いて、雅先生ご自身が脳梗塞《のうこうそく》で倒れられたことを知りました。東京へ出た折、思い切って四谷のご自宅まで足を延ばして療養している先生をお尋ねしたのです。

「とても喜んでおられるのですよ」という介護士の方の言葉を頼りに、意思疎通のないまま一生懸命話し掛けてきたのが最後になってしまいました。先生は二〇一三年五月に八六歳で他界されました。

「私はね、放線菌の職人として生きてきたの。梅澤先生や放線菌のこれまでのことは、初めから知っている私が本にしなければ終わらないのよ。どうしても、もう少し頑張らなければ」

「原稿が来ているかもしれないから、早く帰ってメールを開けないと」

「私は子どもが産めなかったの。病気でね。放線菌は私の子どもみたいなものよ」

「夫はね、精神科医だけど何もできないから、私が出掛けるときは、いつも伊勢丹で材料を買ってお弁当を作ってくるのよ。今日はデパートの地下でお弁当を買っていくわ」

これは、生前に交わした八〇歳を超えている先生との会話です。先生の頑張り方は「肝っ玉」が据わっていました。私の母がそうであったように、それは「女学校」の門をくぐってきた女性に通じるものなのでしょう。先生は、『放線菌と生きる』の企画の最後の結実を認識することができたのでしょうか。その作業は途中から学会員にバトンタッチされて出版の運びになったと聞いています。そして、その浜田雅監修ともいうべき著作『放線菌と生きる』は先生の生前に完成し、私の手元にも届きました。

2. 自治医科大学

2―1　自治省と地方自治体が目指す「へき地・地域医療」の医科大学

自治医科大学（以下、自治医大）は一九七二年、各都道府県の共同出資により自治省（現、総務省）が設置した、へき地医療・地域医療の充実を目的とした医師養成のための半官半民の大学です。その設置趣旨に基づいて、学生は各都道府県の定員枠（二名ないし三名）により選抜することが特徴です。現在は医学部だけでなく看護学部も併設されています。

医学部は全寮制であり、地域医療に従事する「総合医師の養成」の観点から、臨床実習に重点を置いた教育が行われています。卒業後は、採用枠都道府県の定めにより公立病院を中心に九年間地域医療に従事することが求められています。しかも、在学中の六年間の学費は二二〇〇万円相当ですが、在学中は貸与され、卒業後九年間指定公立病院等に勤務した場合、その返還は免除されるしくみになっています。

大学の研究部門である基礎医学講座は、学生のための講義や学生実習を除けば、講座の垣根がほとんどなく、どこへでも出入りして一緒に共同研究することが可能でした。研究費は、各都道府県の負担金、競艇収益金の寄附金、栃木県の宝くじの収益金などから賄われて潤沢にあり、広い実験室が配置されているものの、単科医科大学のため、若い研究要員が集まるということは期待できませんでした。このような研究環境の中で、研究専従となった私は、実験を自由に進めることができたのです。

2—2　研究者への再チャレンジ——母さんはバイオ研究者

さて、話の続きに戻しましょう。国立予研を辞した私は、宇都宮へ引っ越して、家族が一緒に住める生活になりました。私は腎盂《じんう》腎炎《じんえん》をこじらせて、その後遺症に悩まされていましたが、豊かな緑に包まれた田舎の生活は十分に私の体を癒してくれました。長い間微熱が続いて困っていましたが、思い切って抗生物質を使わずに一年間の東洋医学、鍼灸《しんきゅう》治療に任せることにしたのです。その効能かどうか次第に健康を取り戻していきました。

子どもたちとの生活

宇都宮における生活は一戸建ての官舎で始まりました。その官舎は、国立栃木病院のすぐ裏北側にある旧陸軍駐屯地の官舎の一部のようでした。かなり広い敷地に建てられたその官舎は、古い木造建て3Kの平屋で、庭に面した和室の硝子戸の木製の板は劣化して張り合わせ部分や木枠との間に五ミリほどの隙間《すきま》ができて外からの風が通り抜けていました。

宅地はアオキの生垣で囲まれていたものの、広い庭には一面身の丈の夏草が生い茂り、イチジクの木とタチアオイの花がわずかに彩りを添えて人家の存在をほのめかしていました。海外出張中の夫に代わり、信州から義父が援軍に駆けつけてくれました。義父は田畑を耕している人であるにもかかわらず、「こんなところに人が住めるんかなあ」とつぶやいていました。それでも草木を伐採して何とか住めるようにしてくれました。横浜の実家の両親も心配して掃除に来てくれました。家の中では大きなゴキブリが大運動会を催していました。戦時中や戦後すぐを思えば住む家があるということはありがたいものだと、父は慰めてくれました。

宇都宮では、私は歳の近い三人の息子の母親になっていました。夫を当てにしない文字通り〝母子家庭〟の生活を余儀なくされましたが、当たり前のようにこれを受け入れて子どもたちとの生活と格闘していました。しかし、何といってもこの子どもたちの成長は私に前進する力を与えてくれたのです。この陰には私の実家の両親の支えがどんなに大きかったかは言うまでもありません。どうしようもなくなったときには、いつも子どもたちは母に預けました。何も言わずに彼らの世話を引き受けてくれた父と母。感謝以外の言葉がありません。

医学部研究生

三男が保育園へ入園することに決まったとき、夫は頭のトレーニングのために宇都宮大学の農芸化学の講義を受けることを勧めてくれました。私は思い切って大学へ行くことに決めたのです。面談した教授は真摯《しんし》に対応してくださり、丁寧に格調高い講義をしてくれました。その講義は新鮮な感動をもって脳だけでなく全身に沁《し》み込むようでした。わずか三年のブランクが私には一〇年のようにも思えたのです。

そして、偶然舞い込んだ県立高校の非常勤講師（生物）と獨協医科大学生理学教室で研究をしていた大学の同期生からの研究へのお誘いが、再び社会に出て行くきっかけをつくりました。腎盂腎炎をこじらせたことによる病気療養と育児のための三年間の休養で私はすっかり元気になりました。

続いて持ち上がった話から、私は自治医大医学部の研究生として再チャレンジすることにしたのです。三四歳ママの研究者への再チャレンジでした。これには、形にとらわれない考え方をする夫の支援と子どもたちの成長が後押ししました。私は子育てを抱えながら、再び生命科学への道を目指しました。こうして、子どもたちとの二人三脚ならぬ四人五脚で、たくさんの思い出が詰まった生活が始まったのです。

2―3　生体エネルギー研究会――研究仲間たちとの出会い

当時、生化学分野では、生体エネルギー獲得系のタンパク質酵素化学の研究が花形であり、自治医大では、多くの若手研究者は生体エネルギーの獲得にかかわるATP加水分解酵素（ATPase）の分子機構を明らかにする研究を行っていました。生化学グループは呼吸を担うF_0F_1-ATPase（ATP合成酵素）を、生物学グループは細胞内のナトリウムを外に排出するNa^+, K^+-ATPase（ナトリウムポンプ）と光触媒プロトンポンプを担当していました。

当時の文部省は、この分野の研究を重点的に行うために、大型資金（iPS研究には及ばないが）を配分して有能な研究者を集めていたのです。名古屋大学の向畑恭男先生[注9]（後に高知工科大学教授）が大きな班をまとめて研究費を班員に分配していました。私の所属した生物学研究室の長野敬教授はNa^+, K^+-ATPaseの分子機構について研究していたので、その配下にあった私は、研究費の心配をすることもなく、研究班のテーマの範囲内で自由に研究をすることができました。

しかしながら、私は決して独りで研究を遂行できたのではありません。前にも述べたように自治医大は全寮制で、キャンパス内の職員住宅に隣接して学生寮がありました。若い教員たちは学生と一緒になって学び、遊び、文字通り、職住一体の生活を送っていました。当然のことながら、教員の研究もその延長上にありました。しかも、山林と田畑を切り拓《ひら》いて建てられた大学であったため、都市の文化とはほど遠い陸の孤島でした。おそらく、大学の住人は、お互いに協力しなければ、すぐに生活に困る「運命共同体」のようなものだったのでしょう。

その校風が幸いして、小さな医科単科大学でありながら、研究面では世界トップの成果を世に出していたのです。そのようなときに、私も一緒に研究に加わることになったのです。子どもを育てながらでも、十分楽しく研究に没頭することができました。学内どこへでも出掛けていって、教授の先生方をはじめ、同世代の若手の先生たちから研究のすべてを学びとりました。多くの若手教員や学生が恐れていた薬理学の教授に「自治医大全体があなたの研究室だね」とよく言われたものです。

Na^+, K^+-ATPase研究の仲間たち

生体エネルギー研究会の中でもNa^+, K^+-ATPaseグループは弱小のグループでした。国内では、東京医科歯科大学の中尾真教授(注10)とその門下であった長野敬先生（自治医大教授）と松井英男先生(注11)（杏林大学教授）、谷口先生（北海道大学教授）が研究グループを率いているだけでした。中尾グループと松井グループは、膜内のNa^+, K^+-ATPase分子の最小機能単位は何かを探るため、酵素の純度の高い酵素標品を得ることに命を懸けていました。

酵素の機能の単位が$\alpha\beta$なのか$\alpha_2\beta_2$なのか（αとβはそれぞれサブユニットを示す）、長い間、学会の論争になっていました。私は松井グループに酵素の精製法を習いに行ったものです。その代わりに、犬の腎臓の入手に困っていた松井グループの林雄太郎先生（後に杏林大学教授）に栃木県

写真13　ドイツ・シュヴァルツヴァルトの国際学会にて：1989年、中尾真先生、長野敬先生、松井英男先生と Na^+, K^+-ATPaseの研究仲間たち。

ドッグセンターから入手したものを分けていました。動物愛護の考え方が確立している今になって思うと、当時は、かなり野蛮な時代でした。

長野グループでは、アメリカのパデュー大学（Purdue University）から帰国した川村越先生（後に産業医科大学教授）が私と一緒に分子メカニズムに迫ろうとしていました。このような状況の中で、酵素タンパク質の一次構造の解明と遺伝子クローニングによる塩基配列の解読は、Na^+, K^+-ATPase研究の流れを変えました。私は Na^+, K^+-ATPase研究者をみんな巻き込んで、そのノウハウを共有しました。そして、国内外の学会にみんなで参加し、楽しく有意義な時を過ごしたのです（写真13）。当時は、生化学分野の研究全体が遺伝子クローニングの方向にシンクロナイズされたと言っても過言ではありません。その後、各種のATPaseの一次構造が次々に明らかにされ、

写真 14　自治医大生化学教室にて
1985 年 11 月 実験室にて香川靖雄教授と。

構造と機能に関するより詳細な解析への道が開けました。

参加した国際学会では、Ca^{2+}-ATPase（カルシウム依存性 ATPase）の構造を研究していたジョン・ペニストン博士[注12]（メイヨー・クリニック生化学教授）や Na^{+}, K^{+}-ATPase 研究者の竹安邦夫博士[注13]（オハイオ州立大学、後に京都大学大学院教授）と知り合い、その後の人生から現在に至るまで、長いお付き合いをすることになったのです。

仕事でアメリカ滞在するときは、しばしばジョンの自宅に泊めていただき、まるで家族のような扱いを受けました。彼らが来日したときは私が案内人になりました。その経験は何ものにも替えがたい宝物となって自分の中に根づいています。驚くべきことに、このような交友関係が自分の進路の転機に大きくかかわってくることになったのです。そのことに若いときはまったく気がつきませんでした。つまり、仕事のみならず人柄や生活をひっくるめた、その人のまるごとを「人は見ている」のです。これは日本人でも外国人でも人間である限りまったく同じです。そして、Na^+, K^+-ATPase の仕事が一段落したころ、思いがけないサプライズがありました。生化学教室の香川靖雄教授のたっての強い希望で、生化学教室で仕事をすることになったのです（写真14）。

F_0F_1-ATPase 研究の仲間たち

生化学教室では、以前からミトコンドリア膜の F_0F_1-ATPase の構造の研究が進められていました。F_0F_1-ATPase というのはプロトン ATPase とも呼ばれ、イオンを輸送する駆動力にエネルギーが変換される ATPase のうち、呼吸などで形成される電子（プロトン、H^+）を膜内外に伝達するときに生じる電気化学的なエネルギーを利用してＡＴＰを合成する酵素です（第1章2―5参照）。

ＡＴＰの合成と分解の活性を持つ部分は F_1 と呼ばれ、α、β、γ、δ、ε の五種のサブユニットからなり、膜を横切っていてプロトン（H^+）の輸送路となっている F_0 と呼ばれる部分は、a、b、c の三種のサブユニットからなっています。一九八一年ポール・ボイヤーはこの酵素の回転説[注14]を提唱[4]、一九九四年ジョン・ウォーカーは F_1 の触媒部の X 線結晶構造により回転説を予測[5]、一九九七年吉田らは、F_1 のγサブユニットに蛍光ラベルしたアクチン繊維を結合させて、一分子が回転するのを可視化して実証しました。[6] これにより F_1-ATPase は回転モーターであることが確定しました。前者二人は二〇〇四年にノーベル化学賞を授与され、吉田グループの野地氏は一九九八年にノーベル賞奨励賞に輝きました。

私が加わったのは、好熱菌 *Bacillus stearothermophylus*(注15) の F_0F_1-ATPase の研究が始まっていたときでした。好熱菌は六〇℃で培養できるので、そのタンパク質は変性しにくいことが明らかになっていました。そこで、生化学教室では、好熱菌から丈夫な F_0F_1-ATPase を精製し、これからサブユニット標品を単離していたのです。F_0F_1-ATPase の各サブユニットは、比較的簡単にリポソームと呼ばれる脂質人工膜内に埋め込んで再構成が可能であり、活性のある F_0F_1-ATPase が得られるからです。さっそく私も得られたタンパク質標品のN末端のアミノ酸配列解析を担当しました。

生化学学会や生体エネルギー研究会では、香川教授をはじめ、向畑恭男先生、二井将光先生(注16)（後に大阪大学産業科学研究所所長）など、多くの先生方と懇意になりました。幸せなことに、私は多くの有能な研究者との交わりの中で自分を鍛えることができたのです。

研究会のリーダーであった向畑先生は、まさに私の育ての親のような存在でした。後に向畑先生が引退されるとき、私は筑波大で別の分野に移っていましたが、「あなたこそ行くべきだろう」という仲間の意見に従い、高知で先生が開く最後の研究会に参加しました。みんなで F_0F_1-ATPase の結晶構造をデザインしたゆかたを向畑先生に贈り、盛大なフェアウェルパーティーで別れを惜しみました。

「仲間は人を育て、その人もまた新しい仲間を育てる」。これは時代を超えた人間の素晴らしい能力です。

2―4　臨床医師の研究支援

自治医大は、研究室の垣根がなく、単科大学なのでどこで誰が何の研究しているのかをみんなが知っていました。しかも、研究室で誰に聞けばよいのかも人づてに伝わっていたのです。私は、だだっ広い実験室で一人で実験をしていたので、いろいろな診療科の臨床医師たちが実験技術や方法論を教わりに訪れて来ました。整形外科、脳神経外科、解剖学、薬理学の研究者のトレーニングセンターのような具合でした。脳神経外科や薬理学との研究は共同研究論文として公表され、整形外科の医師は学会賞に輝いたものです。

当時は、患者さんからの臨床試料中のタンパク質分子を可視化して解析するための方法として、SDSゲル電気泳動法（SDS-PAGE：42ページ、コラム6参照）がよく使われました。電気泳動のゲル中にバンドとして見えるタンパク質のうち、どれが標的タンパク質であるかは、そのタンパク質だけに結合する抗体に目印をつけることで調べることができます。このように、このSDSゲル電気泳動法は、少ない試料量で感度良く目的タンパク質を探すことができるので、貴重な臨床試料には極めて良い方法だったのです。特に臨床医師は、この技術を使いたいためにしばしば私の所に訪れたのです。

2―5　継続は力なり

自治医大への再チャレンジは、ママさん研究者としてのチャレンジでした。一般的には、研究を進めるには考える時間が必要です。この時間をどうやって生みだすかがママさん研究者にとっては最大の課題でした。しかし、後に述べますが、日常は研究以外にやらなければならないたくさんの作業が山積みでした。その多くの項目を頭の中のいくつかの箱に入れながら、いろいろ工夫して事に当たっていました。自分に与えられた勤務中の時間は実験することに集中し、そのほかのことは目をつぶりました。幸いなことに当時、私の役割は研究専従でした。だから、それが許されたのでしょう。

しかしながら、研究者の歩む道のりというのは良いことばかりではありません。組織は人の集まりですから、いじわるをする人がいなかったわけではありません。これには重荷を背負えば背負うほど前進することに一生懸命になるという自分の性格が幸いしました。あまり気にすることもなく自分は自分と割り切ってひたすら仕事をこなしていたら、雑音は自然消滅していきました。

このように、かつて国立予研で鍛えられた研究者としての魂は、自治医大における仕事のやり方に非常に役に立ったのです。そのとき、研究者の立場からすると「継続は力なり」という言葉が心底身に沁《し》みました。途切れても継続すれば、その努力や積み重ねは決して無駄にはなりません。それは必ず力になって蓄積していくのです。この力は目に見えないから、困難が立ちはだかると「自分はもう駄目かもしれない」と思いがちです。しかし、私は自信を持って言うことができます。どんな状況になってもやっぱり「継続は力なり」です。

研究者としての魂に磨きをかけてくれた自治医大の生化学研究室では、数年後の教授の定年を見据えて、ほとんどの教員は他大学へ転出しました。私も去就について考えなければなりませんでした。私にもいくつか話はあったものの、その勤務先が遠距離であったため、さんざん考えたすえにそれらのポストを候補から外しました。家族を放り出すわけにはいかなかったのです。しかし、意外なことから転機が訪れたのです。

3．筑波大学

3―1　筑波研究学園都市に設立された「開かれた大学」

国立大学法人筑波大学（以下、筑波大）は、一九七〇年「開かれた大学」、「柔軟な教育研究組織」、「新しい大学の仕組み」を基本理念として、筑波研究学園都市建設法(注17)および、国立学校設置法(注18)により前身の東京教育大学を解体して、設置された国立の大学院大学です。

筑波大の教育・研究の特徴は、学問の分野間、基礎科学と応用科学の間、国内外の大学と研究機関の間、大学と企業の間の枠組みを超えて、「学際性」に重点を置いています。従来の大学は、狭い専門領域に閉じこもり教育・研究の両面にわたって停滞・固定化し、現実社会から遊離しがちであるところ、筑波大は開設に当たって、この点を反省し、あらゆる意味において「国内的にも国際的にも開かれた大学」であることを基本的性格としています。

しかも、筑波大は文部科学省の指導下に置かれた大学で、教授・助教授・助手で構成される大学の講座制は撤廃され、各学群（学部）に所属する教員は、その学群の中の研究組織（学系）と個人契約の体制をとっています。教授・助教授・助手の役職は、研究業績、教育経験、社会貢献などで決められています。

つまり、各学系が大講座制だったのです。通常、研究はその教員の専門性によりグループを作って進められていました。医学専門学群（医学部）は、基礎医学系、臨床医学系、社会医学系の三学系があり、私は基礎医学系に所属しました。

3―2　大学院生と一緒にひたむきに歩んだ研究の道

チャレンジのきっかけ

ある日のこと、自治医大の研究室へ一本の電話が入りました。それは、国際学会で一度面識を得ていた林英生先生（当時、香川医科大学教授）からでした。

「ジョン夫妻が来日していて、あなたに会いたいそうです」

そう、あの Ca^{2+}-ATPase のジョン・ペニストン博士です。ジョンと林先生の組み合わせがあまりに意外だったので、どういうことなのかよく理解できませんでした。取りあえず、筑波大へ赴任したばかりという林先生のところへ出掛けました。筑波大医学群の構内を通りがけに、私は掲示板で筑波大基礎医学の講師を募集していることを知ったのです。とっさに私は思いました。「筑波だったら通えるかもしれない、応募してみよう」四〇代の挑戦でした。挑戦するなどと格好をつけたものの、自信があるわけではなかったのです。夫に相談してもこんな機会はもう最後だから、やってみたらなどと軽く言うばかりでした。そして、自宅から大学まで車で二時間かかるから、安全性を考えてウィークデイは単身で行った方が良いという夫のアドバイスにますます心細くなったものです。

通常、大学教員の募集は、国公私立大学関係機関に宛てて公募されます。自治医大へ戻って調べると確かに公募されていました。私は考えたすえに応募に踏み切ったのです。しかし、数カ月間何も連絡がありませんでした。ところが、応募を忘れかけたころになって教員採用通知と林教授からの書状が届いたのです。いよいよ筑波大へのチャレンジが現実のものとなりました。筑波大基礎医学系の講師として教育・研究に携わることになったのです。暑い夏休みが終わってもまだ暑い一九九一年九月のことでした。

大学教員として

筑波大の組織は、通常の大学組織とまったく異なっていました。実際、「講座」という研究室の単位がないので、オフィスも教授・助教授はビジネスホテルのシングルルームのような個室で、講師は基礎医学・臨床医学・社会医学の区別なく四人ずつの相部屋になっていました。個々の教員は「学系」と呼ばれる組織に属し、研究グループをつくって研究をしているのです。一方で、教授は「学群」と呼ばれる教育組織の学生の講義に出向きます。この体制について講座制の他大学から赴任したばかりの新任教授が、私に分かるように教えてくれるはずもなく、まして、講師の立場であった私にはなかなか理解できませんでした。ただ言われるままに動くしかありませんでした。

私のオフィスは医学学系棟の五階にあり、臨床医学系の消化器外科の三人の男性教員と同室でした。研究室は、七階の離れた場所にある狭い部屋で、先に赴任していた教授と若い講師の先生がすでに実験できるように構築してありました。私はその一角を使わせてもらうことになったのです。とにかく、組織の理解と日常生活のリズムができるまで、六〜七キロもスマートになってしまいました。ありがたいことに、研究室に出入りしていた解剖グループの学生が昼食や夕食に誘ってくれて、少しずつ大学近傍の様子が分かるようになったのです。

一八年間の単身赴任

一九九一年九月に筑波大へ赴任してから一カ月間は、筑波での生活基盤を整えることと、研究のための試料を前任大学である自治医大から運ぶことなどで、あっという間に過ぎました。

大学から貸与された単身住宅（吾妻住宅）は、大学から二キロくらい南の筑波の中心部（筑波センター）の土浦学園線通りに面していて、筑波研究学園都市が出来たときに建てられた七階建てのマンション風の一八〇軒の大所帯の官舎でした。土浦学園線というのは、茨城県土浦市とつくば市を結ぶ都市計画道路であり、県道二四号土浦境線、県道二三七号花室牛久線および、国道四〇八号の始点に当たります。

その官舎は、水道管と洗面所の管が錆びていることを除けば、六畳と四畳半の和室と三畳の板の間、五畳くらいのキッチン、バストイレ付の部屋であり、単身で生活するにはゆったりと出来ていました。しかも、板の間の壁際にお湯が流れる集中暖房のパネルが設置されていて、冬季には帰宅する時間には部屋が暖められている構造になっていました。この六階にある六〇四号室が、その後の一八年の長きにわたる筑波の生活を支えてくれたのです。

このようにして、日光の男体山《なんたいさん》からの風が吹き下ろす自宅と、筑波山のふもとの大学の間を毎週行ったり来たりする振り子生活が始まったのです。筑波山はいにしえの姿をそのまま残しています。栃木県側から見た山の姿は、双峰がまるで雲形定規で描いたかのように美しいのです。国道二九四号から茨城県道一二五号に回り込むほどにその双峰の形は崩れてきます。週の初めはこれを左手に見ながら、ひたすら八〇キロ、二時間の道のりを運転したのです。当初は、往時の筑波山を目指す道のりと、復路の男体山を目指す道のりが同じ距離であるとは思えませんでした。初めての単身生活の経験だったのです。

わが末っ子もその年の四月から大阪大学へ入学し、独りで生活を始めたばかりでした。息子も同じだと思えば耐えることができました。このようなときは実験を始めれば良いのです。場所が変わっても、実験は住み慣れた自分の世界だからです。教授も同じようなアドバイスをくれました。「案ずるより産むが易し」とはよく言ったものです。そして、この始まりから退官まで何と一八年という長い歳月を筑波大の大学人として過ごすことになるのです。

大学院生と同じ生活

基礎医学系では、私は微生物学グループに属していました。そこで、私は、考えたすえに「薬剤耐性を獲得しやすい黄色ブドウ球菌」を研究材料として選び、熱、pH、薬剤などのストレスに応答するしくみに関する研究に着手することにしたのです。

黄色ブドウ球菌は院内感染菌の起因菌でもあり、さまざまな病原性を持つ細菌です。かつて自分自身が耐性菌に負けたつらい経験があったこと、病原細菌の熱ショックタンパク質は何をしているのか知りたかったこと、さらに黄色ブドウ球菌の外圧に対する変幻自在な性質に興味を持ったからです。単純な生命体である細菌は、どのようにあの手この手の生き残り戦略を編み出せるのか、その薬剤耐性獲得のしくみは私にとって永遠のテーマでもあったのです。

研究室を見渡すと、細菌を扱う設備はひと通り整っていたし、遺伝子の取り扱いもできるようでした。あとは菌株を揃えればすぐにでも実験ができそうでした。しかし、実験というのはさまざまなことを想定して始めなければなりません。家庭のキッチンと同じです。終日、研究室の周辺を徘《はい》徊《かい》して周りの環境を知り、それに慣れることに努めました。

そうこうするうちに、四月から入学してくる修士課程医科学研究科の大学院生の指導をすることになり、本格的な研究が始まったのです。私にとって、初めての女子学生でした。それからは毎年入ってくる大学院生や生物学類から送られてくる卒研生（卒業研究生・医科学修士予備群）などの指導に追われる日常が始まりました。自分のことなど考えている余裕がなくなり、最も多い年で八人の学生の世話を一人で見なければなりませんでした。何人もの学生の実験の進捗《しんちょく》データや問題点などを議論していると、一日の終わりは早く、自分の仕事はいつも夜間に回りました。

初めは車で数分の所にある単身住宅に大きな冷蔵庫を購入して自炊していたものの、夕食を済ませてから大学へ出て行くのは気分的に難しいことでした。だから、夜まで実験をしている大学院生と夕方一緒に簡単に食事することが日課になるのは、時間の問題でした。時には、電気生理が専門の生理学の男性講師の先生が四階の窓から手を振って声を掛けてくれました。彼はとても料理が上手であるという定評があったのです。

「おーい、先生。カツ揚げたからさァ、食べにおいでよ」

私はびっくりして思わず、人がいないか辺りを見回してしまいました。それは女性教員のいなかった古き良き時代の〝つくば村〟の風景であったのです。

担当する学生が多くなると、研究室があまりに狭過ぎて学生を収納しきれなくなりました。通路を隔てた向かい側にある寄生虫学グループの小部屋を間借りすることになったのもこのころです。

写真 15　筑波大の基礎医学系研究室にて　1995 年 指導した大学院生たちと。

当時の筑波大はまだ、講座制の撤廃に代わるシステム構築の発展途上にありました。筑波大における医学三学系（基礎医学・臨床医学・社会医学）の苦しい時期でした。

私も自分が中心になって実験をするのではなくて、実験技術を教えて学生に実験をしてもらうスタイルに切り替えたのです。しっかり教えれば、サイエンスセンスのある学生は思いがけないデータを出して新たなテーマのきっかけをつくり、研究の進展にも貢献しました。

私の仕事は常に世界の情報に気を配ってテーマにするアイデアを出し、研究資金を獲得することでした。文字通り、公私ともに大学院生と一緒に走りました。わが子の年齢に近い大学院生たちは、他の大学で頑張っているわが子に重なり、〝母のない子と子のない母〟の心境になりました。くじけそうになる学生は、とにかく励ましたのです。「できる。工夫してやればきっとできるよ。頑張ろう」と（写真15）。個性ある若者チームのおかげで多くの成果を得ることができ、苦しいこともありましたが楽しい歳月でもありました。人生は諸行無常です。

女性だけに与えられるもの

大学院生との交流は、自分の研究室内の学生ばかりではなかったのです。時々、他のグループの女子学生が訪れました。年度により違いますが、筑波大の大学院生の半数は女子学生でした。修士課程の女子学生は比較的問題はなかったのですが、社会人入学で入ってくる女子学生や博士課程への進学時期になると多くの女子学生は悩みを抱える傾向がありました。通常、大学の学部生までは男女間にほとんど差は見られません。むしろ女子学生の方が理解力も成績も高いくらいでした。しかしながら、年齢が上がるにつれて女性の出産年齢が近づいてくると、多くの女子学生は今後のことについてさまざまな不安を抱えて、研究のモチベーションが下がるのです。これは女性教員でないと理解できないことです。困った男性教授の多くは、私のところへ女子学生を送ってきたのです。

時にはお茶に誘って、時には食事をしながら、自分の経験を語り、彼女たちの話を聞いて絡まった糸をほぐしてあげたのです。そして、必ず最後に励ましたのです。「いい人がいたら結婚して共に歩んで、女性だけが持つ豊かなしくみを大事にして子どもを産みなさい。きっといいことがあるから」と。多くの悩める女子学生はにっこりして帰っていったものでした。

また、社会人を経て大学院修士課程に入学する女子学生も悩みは深かったのです。新しいことに対する理解力、考察力、実験力が現役の学生にどうしても追い付かないのです。さらに、卒業するころには三〇歳を超えることも追い打ちをかけます。結婚・出産など女性にとって大きな節目を迎える年齢になるのです。

ある女子学生の例です。私は、修士論文を書かなければ卒業できない彼女を思い、心を鬼にして何回でもつき返して実験をやり直させました。テーマも仮説立証型からグループに役立つ条件検討型のテーマに変えて、苦労のすえに修士論文を提出しました。そして、彼女は修了式では総代を務めました。感無量の卒業式でした。その後、送られてきた手紙で彼女は次のように語りかけてくれました。

先生、本当にありがとうございました。

女性の先輩でもある先生のお姿をこの二年間拝見していて、自分に厳しく生きることを学び、甘ちゃんである自分が恥ずかしくなりました。自分に対して厳しく生きることが自信にもつながるのですね。私もこれからの人生を「凛《りん》と生きる」を目標に頑張ります。と同時にこの研究室で教えてもらった、人に対して誠実で真心を持って接することの大切さを忘れないつもりです。いろいろとご心配をおかけして本当に申し訳なく思っております。

―女子学生の文より

3―3　女性教授として

医療技術短期大学部の教授

基礎医学系では、文部科学省から毎年科学研究費補助金（科研費）をもらいながら、朝から晩まで忙しいのですが充実した研究生活を送っていました。大学院生たちもお互いに技術を教え合い、各自のテーマの実験を頑張ってやってくれました。そのことは教員である私にも大きな力を与えてくれたのです。従って私もまた、まるで彼らの母であるかのように、彼らに自分が与え得るすべてを与えました。

ところが、赴任して五年が過ぎたころ、突然、大学内の異動を命ぜられたのです。看護師および臨床検査技師を養成する、医療技術短期大学部（以下、医療短大部）の微生物学教授として行ってほしいということでした。その部署は同じキャンパス内の医学専門学群の建物のすぐ横に隣接している建物ですが、医学群棟の遺体安置室脇の通用口を出た所がその医療短大部の建物に直結していました。

私の研究内容こそ医療分野でしたが、医学教育をまったく受けていなかった私にはとても無理な注文でした。しかも、その部署には研究組織はなかったのです。私のためらいに学群長と研究科長が訪れて条件を出してきました。基礎医学系にはそのまま留まれるようにすること、大学院生はこれまで通りとすることでお願いできないかと頭を下げられたのです。驚くべきことにその場で医学部門の組織再編の構想を知らされたのです。これが後に引けない壮絶な苦労の始まりとなりました。

一九九七年四月一日の着任の日、その建物四階の個室四〇一室がオフィスとして与えられました。そのオフィスは、通路の左右に並ぶ教官室の最も端に位置していて、結構広く、窓からは大学キャンパスの緑の林が見えて眺望がきれいでした。スチールのデスクと、座れば後ろにひっくり返りそうなネジの緩んだ背もたれつきのイスとロッカーが私を迎えてくれました。衛生技術学科の教員はわずか九名でしたが、初めての女性教授だったのです。

さっそく、新年度からすぐに始まる微生物学の講義と実習の準備です。新学期が始まるまで準備期間はわずか半月足らずしかありません。一階にある微生物の実習室へ行ってみると、実習用の実験台とスチールの棚があるだけで、きれいに片付いていました。その様子から前任者の几帳面《きちょうめん》さが窺《うかが》えました。わずかに、フラン器とオートクレーブと、段ボールに収納されたモルトン栓（培養用の羽が内側についている試験管キャップ）の存在だけが、そこは細菌学実習室であることを物語っていました。隣接している実習準備室にも実験台があるだけでした。あらゆることがゼロからのスタートで、たった一人でどうやってこれらを運転するのか茫然《ぼうぜん》と立ちすくむばかりでした。

まずは元のオフィスから文房具と講義用の書籍類を運んで、講義ノートと実習書の原本を作成しなければなりません。そして、当面必要な実習材料を調達に奔《はし》りました。当てにできる医学部門が近くにあったことが救いでした。学生実習ができるように、朝から晩まで実習室にこもって、なり振り構わず突貫工事をやる毎日が始まりました。タオルの覆面、軍手に金づちという出で立ちで脚立に乗って作業していたら、夜回りに来た守衛さんが女性教員であることに気づいてあきれていました。

ともあれ、万難を排して講義と実習を無事にスタートさせることができたのです。しかしながら、初年度は一週間ごとに順次準備をしながら進めるしかありませんでした。ありがたいことに、学生実習当日には、医学部門の林教授と微生物担当の学群技官の女性が援軍に加わってくれました。このようにして女性教授としての生活が始まったのです。

私の講義

このようなドタバタ劇が一段落して落ち着くまで一年かかりました。しかしながら、学生は希望に燃えて講義を聴きに来るのです。自分が夢を持つに至った経緯を考えると、たとえ教員が火の車であろうと、学生に夢を与える講義でなければならないのです。私は学生に良い講義をしたいと考えながら、いつも怯《おび》えていました。

そうこうするうちに、筑波大学出版部から『筑波大学フォーラム』で連載している「私の講義」に執筆してほしいという依頼があったのです。『筑波大学フォーラム』は、毎年発刊されるB５判の一〇〇ページくらいの冊子です。かつて札幌農学校と呼ばれた北海道大学の初代教頭として就任したクラーク博士は「少年よ、大志を抱け」という名言を残しました。私は学生に何を伝えられるのか名案はありませんでしたが、素直に書くしかないと心に決めました。以下にその内容の一節を紹介します。

いまは亡くなられた私の師が「人間は各々の成熟期の時代精神を死ぬまで持ってゆく運命にある。次の時代に多少なりとも意味のある仕事をするには、最後まで自分の運命を辿《たど》るしかない」と言われていました。この言葉は時代を超えて自分の問題として理解できるとともに、私もまた、私の成熟時代に培った精神を死ぬまで持って行きたいと思います。この気持と意図を次世代にうまく伝えられれば、私の講義は成功であると言えるかもしれません。

講義というものは、これまでの研究活動を含めた自分の生き方や生活と深いところで影響しあって、個人の総合的な人格として表れるものだと思います。学問研究と実生活とは一見相反するかのように見えるかもしれませんが、それらは一人の人間の一側面の活動形態であって、講義にはその両面が相交わって一人の人間像を表すものだと考えます。ですから、今でも私は講義がとても恐《こわ》いのです。「私にどんなことが教えられるだろうか、間違ったことをしゃべりはしないか、難し過ぎないか、いや、易し過ぎないか……」などなど、講義の前にはさんざん逡巡《しゅんじゅん》します。そして、最後にはいささか自棄《やけ》になって、開き直ることにしています。「そうだ、自分に素直になろう。新しいことを知った時の感動をそのまま伝えよう」と。そのためには、どんな自然現象や不可思議な事柄が科学的に解きほぐされていったかを軸にして、話す方も聞くほうも自分たちが科学しているような気分になるように進めるのが良いのだろうと合点し、気分を楽にして講義を始めることにしています。ちなみに私の担当分野は、病原微生物を生物学的、生化学的、分子生物学的にとらえ解説することです。——中略——

そんな青春の挑戦的な創造期に、女性にとってはもう一つの創造事業である「出産」を迎えました。

この現実は、これまで築いてきた研究という枠組みを打ち砕いてしまったようでした。その時代には家庭は持たないという選択肢はあっても、子どもを生まないと言う選択肢はなかったので、授かったものは当たり前のように生み育てました。自分の気持ちは研究者という社会人と母親という生活人の間をどうしようもなく揺れ動き、生きる方法のお手本を求めて「キュリー夫人伝」を繰り返し、繰り返し読んだものでした。しかし、そこには王道や簡易な助言はなく、ただただ子どもの成長が私自身の成長のために大きなエネルギーを補給してくれ、耐え忍ぶという「しなやかさとしたたかさ」を与えてくれました。

一時は研究という一面から離れて、高等学校で生物学を授業したこともありましたが、縁あってか、再び研究に戻ったのはナトリウムポンプの蛋白酵素化学研究を手伝うことになってからです。そのときは「生化学を基礎から勉強し直さなければならない」という緊張感と充実感があって、それからなんと一三年もの間、エネルギー（ＡＴＰ）転換系の研究に手を染めることになりました。ところが、今は亡き京都大学の沼正作先生との共同研究でナトリウムの能動輸送を担う膜タンパク質のクローニングに成功したことがきっかけで、再び遺伝子の世界にのめり込むことになりました。一九九四年、Cold Spring Harbor にある CHS-DNA 研究所における国際シンポジウムで発表する機会があり、その玄関を飾る大きなワトソンとクリックのＤＮＡ二重らせんモデルを見たときは、本当に感無量でした。それは、高校時代に夏休みの課題で読んだ本から得た感慨を遠景として、自分の歩んだ足跡を遥《はる》かに眺めるという時間の重みを加味した深い感慨でした。思えば今、私は筑波大学でこのような道程を総合したような講義を担当していると思えます。

——後略——

『筑波大学フォーラム』一九九七年「私の講義」より

『筑波大学フォーラム』が発刊されて間もなく、面識がなかった体育専門学群学群長から「感動した」という内容の分厚い達筆なお手紙が届きました。長い間、私は寝ても覚めても研究のことばかり考えている研究者でした。教育者としてはあまりに未熟で恥ずかしかったのです。その拙文を読んで感動していただいたことがとてもうれしく、深く感謝してお礼のお手紙をお送りしました。しかし、私の想いがうまく学生に伝わったかどうかは不明です。

「バーチャル研究室」

医学部門の研究室で行っていた黄色ブドウ球菌の研究は、引き続いて医療短大部でも進めたいと考えました。しかしながら、医療短大部には研究室のスペースはまったくなかったのです。そこで、私はどうしても研究室を立ち上げたかったので、切羽詰まって苦肉の策を思いついたのです。学生実習がない日は、実習室を研究室に使えるのではないかと。

実習室は広いスペースに生命科学の三種の神器ともいうべきピペットマン、(注19)卓上遠心機、インキュベーターは使い放題でした。医学部門で不要になったクリーンベンチ(注20)や冷却遠心機をもらい受けて配置し、これらも有効利用しました。体裁はともかく、その学生実習室は使い勝手のよい「バーチャル研究室」に早変わりしたのです。

四〇人分の実験台を五人で使えるのですから、一人が八人分の机を独占して使えるのです。博士課程と修士課程の五人の学生は文句を言うどころか、さっそく医学部門から移動してきて嬉々《きき》として実験をやり始めたのです。学生実習で使用する日は、実験台上には見事に何もなくなり、隣の実習準備室が第二の研究室と化しました。そして、ＭＲＳＡのゲノムプロジェクト（後述）は、この「バーチャル研究室」から始まったのです。

大学院の学生は、意見の対立で椅子を蹴飛《けと》ばして壊す人、自分は至らないからと夜中まで働く人、四国の遠方から押し掛けてきた人、会社を辞めてきた人、バイオリンにのめり込んでいる人と、それぞれ個性豊かでしたが、いろいろ工夫して頑張ってくれて頼もしい日々でした。

学生には、設備が整った所で力を発揮する学生と、何もない所でも創意工夫して力を発揮する学生がいますが、研究者でも同じです。これは万人に共通なことでもあります。私は、これから活躍する人々は後者であれと願っています。学生は基礎学力さえあれば、少しのサポートで自分から育っていくものです。私は若い彼らの力に賭《か》けたのです。その彼らは今、成長して第一線で研究者として働いています。

若者の力

このようなとき、日本学術振興会の特別研究員ＰＤ（ポスドク：博士学位取得者）が京都大学から「ＭＲＳＡを研究したい」と連絡をしてきたのです。旧知の竹安邦夫教授から依頼されて京都大学大学院の特別講義でＭＲＳＡの話をしたことがありました。それを聞いて興味を持ったというのです。

「研究室もちゃんとしていない所だけどいいの？」と念を押せば、「いいです」と即座に答えが返ってきました。翌日にはアパートを決めて引っ越してきたのです。さすがの私も、その即断即決の若者の凄いエネルギーに呑《の》まれてしまいました。彼にとっては立派な設備や物はどうでもよかったのです。

やって来た彼はさっそく周辺を見極めていました。彼は、実験をしている院生たちの傍へ行っては恐る恐る培養した多剤耐性菌ＭＲＳＡを眺め、ウイルス粒子が入っている培養液と聞けば感染するのではないかと恐れおののいていました。しかし、それも時間の問題で、彼はＭＲＳＡゲノムの遺伝子解析データを眺めて自分のテーマを探っていたと思ったら、実験を始めたのです。

私は喜び勇んで大学院研究科長と医療短大部事務長に掛け合って受け入れに奔走しました。これには研究科長も事務長も協力してくれて、「研究科長預かり」として受け入れることになったのです。

そして、その年にはＭＲＳＡの転写因子シグマＢ因子(注21)と細胞壁肥厚と薬剤耐性が相関することを見いだして、さっそく速報を発表しました。

そんな彼も少年のような一面がありました。早朝、目をこすっていたので聞いてみると、一晩中ずっとキャンパスの中庭でセミの羽化を見ていたというのです。気がついたら夜が明けてきたそうです。私の息子たちと同世代であることがあらためて蘇《よみが》えり、不思議な気持ちになりました。その彼と一緒に仕事をし、彼の研究者としての鋭い目と緻密《ちみつ》な論理性から将来が期待できそうでした。

一方で、私は研究費を獲得するために必死で申請書を書いていました。学生を養うにはどうして

写真16　オハイオ州立大学にて　オハイオ州立大学のキャンパス内（上）とオハイオ・ドイツ村で竹安邦夫先生と（下）。

も研究費が必要なのです。科研費以外にもいろいろ応募を試みました。そこで、思い切って文部科学省の国際学術交流補助金に応募したところ、原子間力顕微鏡（AFM：Atomic Force Microscope）[注22]による分子間相互作用の研究[7]で筑波大とオハイオ州立大学との研究者間の相互交流の補助金（年間二〇〇万円）が採択されたのです。

さあ、ここでまた一苦労です。医療短大部には研究費の受け入れ体制がないのです。先のことを考えると、ここで一念発起してシステムをつくっておくことが必要と考えました。希望を訴えると、事務長と会計係の機転で問題なく受け入れが可能になり、初めて医療短大部衛生技術学科にオハイオ州立大学から二人の研究者を迎えることができたのです。学部学生や院生たちとも交流することができ、

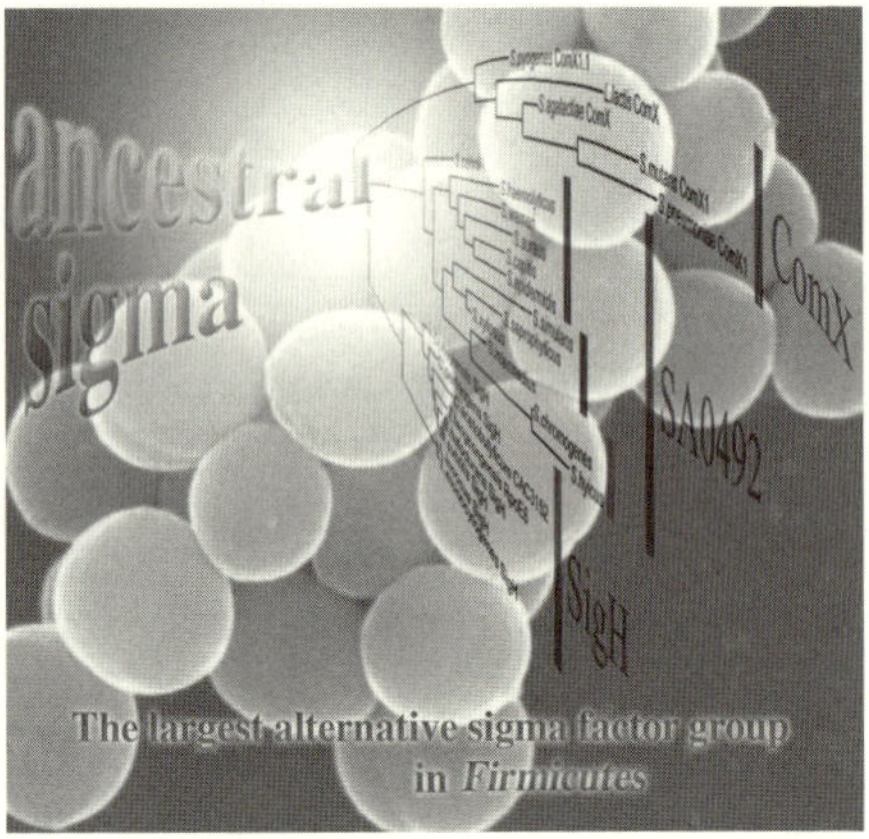

写真17　Genes Cells誌の表紙　黄色ブドウ球菌の新規転写因子シグマHの論文が表紙になった。（Genes Cells 2003, 8:699-712）

これにより私も再びオハイオ州立大学を訪問する機会を得たのです（写真16）。

　このように必死で若者たちと走った歳月でしたから、多くの成果を挙げることができました。なかでも、黄色ブドウ球菌に「シグマH」と命名した新たなシグマ因子を見いだしたときは、その論文を投稿したGenes Cells誌の表紙を飾りました。[8] このことは、チーム全体を元気づけるうれしい〝おまけ〟となったのです（写真17）。

3―4　研究を支える科研費の獲得――科研費曼荼羅《まんだら》

科研費曼荼羅

大学の運営資金は、通常、組織の運営費用として使用されるため、研究者は文部科学省で公募している科学研究費補助金（通称、科研費）を獲得して研究を行っています。この科研費は、理系・文系を問わず、さまざまな分野で、さまざまな研究項目が設定されているのです。さながら、仏教の曼荼羅のようです。科研費の「分野」は所属する部署の役割から選択される場合が多いのですが、「細目」はどれを選ぶかは自由です。ただし、細目の中では重複申請は認められていません。

研究組織は、国公私立大学が最も多いのですが、短期大学、国公立研究所も含まれています。対象となる研究組織は定まった機関番号がついており、その組織に属する研究者にも「研究者番号」が交付されています。この番号は研究者個人の番号であり、所属する組織が変わっても変わることがありません。いわば国民の年金番号のようなものです。この番号により、誰でも科研費に応募することができます。

また、研究者の層は初心者から研究歴のあるベテラン研究者まで幅が広いため、研究形態の種類が基盤研究（A、B、C）、若手研究（A、B）、萌芽《ほうが》研究に分かれています。どれを選ぶかは、研究者の年齢、研究歴などで決めます。重複して申請できるものもありますが、認められていない重複申請をすると、すべての申請書が無効になるので、各年度の応募要領を熟読する必要があります。いずれにしても将来を見据えて、自分の研究の「夢」が置かれている状況や、どういう独創性・特徴があるのか、自分でしっかり考えておくことが最も重要です。

科研費の申請法

科研費の研究内容は、〝自分の夢〟を語れば良いのです。その夢をどのように実現するのか、①これまでの背景、②何をしたいのかを述べる目的、③具体的な実験方法、を論理立てて平易な言葉で記述すれば良いのです。ことさら難しい言葉を使う必要もありません。この三点がしっかり記述されていれば問題はありません。

審査は各分野の経験豊富な専門家によって行われる（ピア・レビューという）ので、審査員に十分理解してもらえるような研究計画書になっていることが重要です。審査にかかわるさまざまな噂が乱れ飛びますが、それに惑わされず「一見して研究内容が分かるように図を添付し、メリハリをつけたインパクトの高い書類にする工夫」をすることが大切です。

採択された場合、申請書の経費は削減されることもありますが、その研究テーマに対して配分された研究費であるので、申請に基づいて公正に使用されなければなりません。申請した研究期間が終了すると、研究成果をまとめて、経費の領収書を添付した報告書の提出が義務づけられています。

この科研費の申請について、参考となる単行本がいくつか市販されているので参考にするとよいでしょう（塩満典子・室伏きみ子著『研究資金獲得法[9]』、児島将康著『科研費獲得の方法とコツ[10]』）。以上のように、日本では国の予算が研究経費として各研究者に配分されるようになっています。ありがたいことに、私は長い研究生活において、毎年基盤研究費を配分してもらって研究を進めることができました。

大型研究プロジェクト

さらに、文部科学省（旧文部省）はこれまで、三つの研究領域である、学術研究分野の水準向上・強化につながる研究領域、地球規模での取り組みが必要な研究領域、社会的要請の特に強い研究領域、を定めて「特定領域研究」とし、大型研究プロジェクトを推進しています。この研究は、一定期間、研究の進展等に応じて機動的に推進し、その領域の研究を格段に発展させることを目的としています。

私は、研究者の駆け出し時代から筑波大教授を定年退職するまで、その時代の大型特定プロジェクトである重点領域研究（現、特定領域研究）の生体エネルギー変換系研究、ミレニアム特別プロジェクトのゲノムプロジェクト、タンパク３０００プロジェクト、にかかわらせていただきました。その経験が多くの研究仲間をつくり、研究者としての私を育て、磨いてくれたのです。

３―５　大学改革の先駆け――医学系のスクラップ - アンド - ビルド

筑波大は開設から三〇年を迎えようとしていました。三〇年も経つと、組織や建物の疲労が見え始めてきます。筑波大は大学改革の先駆けの時代に入っていたのです。文部科学省は全国に看護大学を新たに設立して看護師不足を解消し、質の向上を図ろうとしていました。その一環として、国は、国立大学の全国二三大学の医療短大部を廃して四年制化し、医学部保健学科として医療系の体制改革を進めていました。

その国家計画の進行中は、教員の人事配置やカリキュラムの準備が整った大学から、近代的なデザインの建物に生まれ変わっていきました。現在は、二〇〇七年の京都大学と熊本大学を最後として、国立大学の医療短大部は全部廃止されています。

ところが、筑波大の医学系は、この国家計画の初期に文科省からの要請を退けたために、時の流れから取り残されていたのです。しかしながら、時は流れて、医学系の将来を見直したとき、初めてその重要性に気がついたのです。ちょうどその時代に、私はその場に居合わせたことになります。そして、私は、医学系のスクラップ－アンド－ビルドの第一ステップ、スクラップ期が始動するときに、その職責を担うという巡りあわせになったのです。

新学類設置準備室

医学専門学群では、医療短大部を再編して新しい学類（他大学の学科に相当）を設置しようという構想が、一九九六年ころから始まり、岡山大学の例をよく知っている基礎医学系の林英生教授を室長に準備室を立ち上げて準備が始まっていました。

当時は、新しく看護大学があちこちに乱立していたときで、ただでさえ少ない博士号の学位を持つ看護教員の獲得にどの大学も悪戦苦闘していたのです。新設の学類の看護学教授を配置するためには、看護師の資格があり、かつ学位を有する人材が必須《ひっす》でした。そこで、学科新設を希望する看護系大学では、その条件を満たす教員の争奪戦になったのです。せっかく苦労して来てもらっても、もっと良い条件のところへ異動して行ってしまうのです。

準備室長の林先生は、私が所属するグループの教授でしたが、私を含めたグループの教員は先生のその苦労を知ることもなく、研究に邁進《まいしん》していました。そんなとき先に述べたように、私は医療短大部の臨床検査技師を養成する衛生技術学科の教授として赴任することになったのです。一九九七年四月のことです。

学科長就任

衛生技術学科へ赴任した初年度は、自分の担当する微生物学と臨床微生物学の専門科目と時間数の多い学生実習をこなすのに精いっぱいでした。学科長であった血液学の教授が一生懸命頑張っている私によくねぎらいの言葉を掛けてくれました。幸い、その学科長は医学専門群から来られた先生だったのです。新しい教育現場において、臨床検査技師教育とは何か？　全体のカリキュラムはどうなっているか？　教授から助手まで九名が在籍する先生方の動向などが見えてきたのは、二年目からでした。

ところが、たまたまお誘いがあったランチの席で無理難題が待っていたのです。医療短大部の組織をまだよく理解してもいないのに、定年を迎えるという学科長から後任をやってほしいと依頼されたのです。そのころの臨床検査技師教育では、時間制になっているカリキュラムを単位制に切り替えることが中心課題でした。新しいカリキュラムを進めるのはこれから活躍する人でなければならない、というのがその推挙の理由でした。

私が担当することになった臨床微生物学の実習は、一、二年次にわたって非常に多くの時間をかけており、毎年入学してくる学生を考慮すると、そのカリキュラムでは独りで一年中講義と実習に明け暮れることになり、自分の体が持ちそうにありませんでした。そこで、実習を何とか時間制から集中制にできないか、よく学科長に相談しに行ったのです。そのことも、学科長の思慮の範疇《はんちゅう》にあったのかもしれません。

まだ、新米の私はこれを引き受けるわけにはいきませんでした。その学科長就任を固辞したのです。しかしながら、古い体質を持つ学科内を整理するには知り過ぎているとできないとのことで、寄り切られてしまいました。

こうして私は、新米学科長になって全国国立大学の医療短大部の協議会に出席するようになり、やっと臨床検査技師教育の全容が理解できるようになったのです。その教育システムは、国家試験科目として厚労省により科目指定されていることが特徴でした。この指定科目を履修していないと、卒業生は臨床検査技師国家試験が受験できないのです。そこで、他大学の状況を見ながら、将来の四年制化をにらんで、筑波大の教育スタンダードを目指して、指定科目を中心とした単位制のカリキュラムの編成を始めたのです。指定科目を担当する先生方と侃々諤々《かんかんがくがく》議論する毎日が始まりました。多くの先生は協力的であったものの、異論を唱える先生も少なからずおられました。このような先生には日参して繰り返し説明を行いました。振り返ってみると、この単位制新カリキュラムの編成が四年制化後のカリキュラムの原型となったのです。

医療短大部の廃止

一方、医療短大部には衛生技術学科と並んで看護学科が併設されていました。看護学科は一四名の教員で構成される学科でしたが、門外漢が口を出しにくい組織でした。それでも、医学系で学位を取得した先生方が何人かいて、その先生たちが医学系から来た私とのパイプになってくれました。

赴任して間もなく、私は医療短大部の教員として、「新学類設置準備室」のメンバーに加わることになり、新教育組織設置の準備活動に参加しました。その一年後には、大学本部にも新学類設置準備担当の事務官が配置されました。医学部門と医療短大部が一緒になって四年制化が本格的に始動したのです。私は医療短大部長とともに短大内部の体制を固めながら、看護学とは何か、看護学科がどうあらねばならないか、カリキュラム等、を理解しようとしました。ところが、看護学科の教員は、乱立する新設看護大学の教員として一、二年で次々と他大学へ移ってしまう状況だったのです。人事の学科内規則も倫理もなく、とてもそこが教育現場であるとは思えないような有様でした。漏れ聞いた話によると、全国どこの看護系大学でも似たような現象が起きているということでした。

そのような状況にあっても、設置準備室長は看護の人材獲得に東奔西走していたのです。そのご苦労を思って、内部にいる私は、内部整理と設立準備を淡々と頑張るしかありませんでした。私は衛生技術学科の学科長であったものの、準備室員として看護学科のカリキュラムにも目を通さざるを得ない状況でした。医学系で学位を取った、わずかな看護教員とタイアップすることができたのは闇の中の救いでした。本部の担当事務官と夜中まで文科省へ持参する書類をチェックする日々が続きました。とにかく、出帆した船は、沈没せずに新しい向こう岸に辿《たど》り着かなければならないのです。誹謗《ひぼう》中傷の火の粉をくぐって、戦場の修羅場を越えたのでした。

新学類―看護・医療科学類の新設

設置準備担当の本部事務官、医療短大部の看護学科長、医学研究科所属の看護学教授が文科省に日参し具体的な指導を受け始めてから、新学類の形が見えてきたのは二〇〇一年の夏のことでした。医療短大部の全教員に対して四年制化の説明会が行われ、個々の教員の面談が開始されたのです。一年間をかけてすべての調整が整い、二〇〇二年の夏には教育担当副学長、医学群長、医学事務総括、準備室長が一堂に会して、新学類の全容を医学系教員に研修する運びになりました。

そして、ついに文部科学省は、二〇〇二年一〇月一日から筑波大の医学専門学群に「看護・医療科学類」と命名した新しい学類の設置を承認したのです。思えば、医学系のスクラップ－アンド－ビルドには七年間を要し、私はその五年間にどっぷり浸ることになったのです。険しく長い五年間でした。

新学類になっても、二〇〇二年度に医療短大部にすでに入学している一年生が卒業する二〇〇四年度の終わりまでは、医療短大部が併設されることになります。従って、医療短大部は二〇〇五年三月に廃止が完成します。つまり、この完成年度まで教員は、短大部カリキュラムと四年制カリ

写真18　最後の医療短大部の学生たちとスタッフ　2002年12月
筑波大医療短大部の前庭にて。

キュラムの二足のワラジを履かなければならないのです。この窮状は医学三学系の全教員がレスキュー隊となり、ついに完成年度を迎えることができたのです。

衛生技術学科の最後となる学生たちは、廃校を惜しんで撮影費を捻出《ねんしゅつ》し、事務も含めてみんなで記念写真を撮って残したいと申し出てきました。もちろん私は、学生の意を汲《く》んで大賛成しました。写真18はそのときの記念写真です。その学生たちの一部は学位を取得して研究者となり、海外留学して頑張っています。

新しい研究室の構築

血の滲《にじ》むような努力が実り、準備室の立ち上げから七年後の二〇〇二年一〇月に医学群に新学類が設立した後、私は医学専門学群棟に新しい研究室を構築する広いスペースを頂いたのです。その広いスペースは、医学群棟の六つの小部屋をスクラップ‐アンド‐ビルドにより捻出したものでした。筑波大の開学当時からの先生方は、医学群棟の再編には強硬に反対し、何故か使っていない部屋を大事に閉め切っていました。しかしながら、医学部門は、膨れ上がる新しい研究の展開により研究スペース不足が深刻となり、学群棟の有効利用を考えざるを得ませんでした。私の新しい研究室もその一つであったのです。

医学群棟は、いよいよ開学以来の鎖国を解かなければならなくなりました。業者と図面を引くところから始まって、半年後に出来上がった研究室は、昔を想像することすらできない部屋に生まれ変わりました。学生実習室のバーチャル研究室からの脱出物語は、苦労もありましたが楽しいものでもありました。基礎医学系の多くの研究室が、新しい研究室のお披露目のお祝いをしてくれました。そういう時代に私は大学教員として生きていたのです。

3―6　初めての女性基礎医学系長

基礎医学系へ戻った私は、医学と新学類である医療科学専攻の教育を担当しながら、研究に邁進《まいしん》しました。「タンパク3000プロジェクト」による黄色ブドウ球菌のタンパク質の結晶構造研究の成果が出始めていたのです。結晶構造からそのタンパク質の機能が予測できれば、圧倒的大多数である機能未知のタンパク質の役割が分かり、変幻自在な菌細胞の病原性のしくみが明確になるに違いないと考えていました。しかしながら、結晶学を理解するのはとても難しく、もっと勉強しなければと思っていた矢先のときでした。
私にとって極めつきの出来事が起こったのです。退職を控えた当時の大島宣雄基礎医学系長（注23）から呼び出しがあったのです。「次期の基礎医学系長をやってもらえないか」というのがその内容でした。そんなことは無理に決まっていました。基礎医学系はほとんど男性ばかりで、八〇名の教員研究者から構成される組織です。私は、海千山千の強豪たちを束ねる術《すべ》をまったく持ち合わせていませんでした。医学では、これまでに女性がそのような管理職を務めた例もありません。しかも、基礎医学系長は、医学全体の三学系を束ねる役割も兼ねています。私は即座にお断りしました。

写真19　筑波大の基礎医学系長室にて
2006年3月。

いずれにしても、学系全員の投票により決められるから、あり得ないことと高をくくっていました。しかしながら、開票結果は開学以来の最高得票数でした。意に反して、私の道はどんどん苦手の方向に進んでいったのです。研究室を標榜《ひょうぼう》している手前、子どものようにやだやだと駄々をこねるわけにも行かず、腹をくくるしかありませんでした。後から考えると、新しい研究室を創ってもらったり、講師の枠を回してもらったり、外堀はすでに埋められていたのです。やはりうまい話はないものです。

こうして初代の女性基礎医学系長は誕生したのです。筑波大の開学以来、初めての女性学系長でもありました（写真19）。

「公平・誠実・迅速」の教え

三月に入ると、大学は、学位審査、大学院後期日程の入試、国家試験、学位授与式、卒業式など、新年度に向けて各種の行事が集中して行われます。大学教員は連日これらに忙殺されるのです。この多忙な業務の合間を縫って、半月にわたり学系長室で当時の大島宣雄基礎医学系長から学系長教育を含めた引き継ぎが行われました。これまで辞令を受け取るときを除いて入ることがなかった学系長室において、要はリーダーたるもの〝公平・誠実・迅速〟が鉄則であることを教えていただきました。これは子どもを育てる母の心情に似ていました。大役で肩の荷は重いのですが、その言葉はすとんと胸に落ちました。後戻りできないことを悟ると、女は意外に早く〝腹をくくる〟ものです。

二〇〇四年四月一日、学系長室の引き渡しの儀式が行われた日、いろいろな先生方が入れ替わり挨拶に来られてその対応に忙殺されました。その一日の終わりに広い学系長室で独りになると、組織管理者として思ったのです。基礎医学系教員八〇名の先生方の状況をよく見て、運営委員会の役員の先生方と相談しながらベストを尽くすしかありません。相手の目を見てトコトン話せば人は必ず分かってくれるはずです。基礎医学系から世界をリードする多くの研究が創出できるような環境を創ろう。人を信じて臆《おく》せず進もう。これがそのときの私の決意でした。こうして、始発列車は発車したのです。

「教員評価システム」

二〇〇四年度は、医学系全体でも大学院改組（医学研究科から人間総合科学研究科へ名称変更）、医学部門への新学類受け入れ（看護・医療科学類）、学系の再編（看護学系を受け入れ）、任期制導入（基礎医学系）、定年延長（六三歳から六五歳へ）などが、具体的に始動する年度にあったのです。医学系のスクラップ－アンド－ビルドの第二ステップ、ビルド期の始まりでした。基礎医学系では、最重要課題として教員の任期制導入と定年延長がこれまで三年をかけて議論され、その実施具体案として「教員評価システム」が出来つつあったときです。いわば、私は「教員評価システム」の実施部隊長になったのです。

教員評価の基本的な考え方は、「教員を評価することにより自らの水準を絶えず改善・高度化し、活動成果を広く社会に公開して組織としての社会への説明責任を果たす」ことです。この実施によって、教員は少なくとも自分を点検することができて良かったという声が多かったのです。また、良い評価を受けた人には特別昇給や研究費などの〝ご褒美〟を出したことが「評価」のマイナスイメージを払拭《ふっしょく》したのかもしれません。併せて、組織の改善すべき事柄をあぶり出すことにも役立ちました。

基礎医学系長を拝命して、早々に起きた、医学系に放射性物質ウランが廃棄されていた事件の対処を皮切りに、基礎医学系の教員評価システム導入、学系再編による看護学系の受け入れなどを実施していったのです。

医学三学系（後に看護学系を入れて四学系）のもろもろを取りしきって、私は二期にわたって基礎医学系長を務めることになったのです。これらの遂行はいばらの道でしたが、基礎医学系の運営委員である三人の教授の先生方をはじめとする教員の支えが大きかったことは言うまでもありません。

3―7　太田敏子賞――研究者のひよこたちに夢を

全学の表彰委員会のメンバーでもあった、基礎医学系運営委員の発案で、これだけ基礎医学系が頑張っているのだから、基礎医学系にも若手研究者が「履歴に書ける表彰を創ろう」という提案が出されました。この提案が基礎医学系全体で承認され、初代女性学系長の名前を取って「太田敏子賞」と命名されたのです。これが、教員のみならず大学院生を含む若手研究者から非常に高い評価を受けて、筑波大基礎医学系内で組織されている筑波分子医学協会（TSMM：Tsukuba Society for Molecular Medicine）で顕彰することになりました。

このＴＳＭＭでは、筑波大だけでなく筑波地区における分子医学研究の発展のために、ＴＳＭＭセミナー、つくば医科学交流会、最先端医学研究セミナー、学生の学会旅費支援、研究環境調査、共通機器システム、留学生支援など、人材や研究設備の充実に向けた各種の事業を行っ

写真 20　つくば医科学交流会にて　2007 年 2 月 基礎医学系の若手教員および若手メンバーと。

6つの頂点の表すもの

- 創　Creativity
- 誠　Integrity
- 親　Friendliness
- 強　Strength
- 情　Enthusiasm
- 知　Intelligence

写真 21　「太田敏子賞」の記念クリスタル・筑波ダイヤモンド。

ています。毎年、開催されるつくば医科学交流会で、大学院生を含む若手研究者が口頭発表とポスター発表を行い、活発な議論を展開しています。その後、TSMMセミナーは、最先端の研究を行っている外部の研究者を講師として招いて講演をしていただき、大学院の講義の一環ともなり、その参加は単位にも加算されて、さらなる進化を遂げています（写真20）。

太田敏子賞の候補者は性別、国籍を問いません。参加者全員の投票と審査委員の審査により太田敏子賞一名、審査委員選考により優秀論文賞一名、奨励賞二名にそれぞれの賞が、副賞とともに贈られるのです。二〇〇七年二月第一回の太田敏子賞が贈られることになりました。そのとき、この賞を記念して、毛筆で描いた〝つくばダイヤモンド〟をデザインしたクリスタルが副賞として贈られました。〝つくばダイヤモンド〟は、筑波大の学生が会得してほしい言葉として、ダイヤモンドの六つの頂点が、創 Creativity、誠 Integrity、親 Friendliness、強 Strength、情 Enthusiasm、知 Intelligence を表しています（写真21）。

3—8　学長補佐として大学本部へ

基礎医学系長の二期目を最後に、私は筑波大を定年で退職しました。その後、岩崎洋一学長の要請により、大学本部の執行部で特任教授として仕事をすることになりました。筑波大の本部棟の二階に一部屋を手当してもらい、私は企画室と組んで全学の教員評価システムを構築することになったのです。

かつて私が基礎医学系長だったころ、突然、岩崎学長が基礎医学系長室を訪問されたことがありました。大学キャンパスの最南端にある医学部門は本部棟から離れていましたが、近くに来たので寄ってみたとのことでした。そのとき、学長が教員評価システムのことを尋ねられました。やはり、学長はすでにそのときから教員評価システムの全学導入を視野に入れていたのでしょう。わずか八〇名の教員の学系においてさえ、あの苦労があったのに、総合大学全学一七〇〇名の教員の組織となると、その大変さは推して知るべしで、想像ができます。

人を評価するということは、「大学教員とは何か」という根幹に触れることでもあり、非常に難しい仕事でした。大学執行部では長い時間をかけて全学の教員を対象としたアンケートを取り、筑波大の「筑波スタンダード」を作っていたので、これに沿って進めて行けばよかったのです。加えて、私には基礎医学系の教員評価システムを構築したときの経験がありました。私は執行部補佐として、まず全学学系の教員組織の問題点を把握し、東に問題があれば出掛けて行って執行部の意向を説明し、西に異論が出れば調整に奔りました。この直接の面談は功を奏し、全学系の先生方から信頼もされるが、恐れられる存在になったようです。

先生方と対談をするときには、母親の心情を持って相手の話を聞いて丁寧に話すことと話の軸がぶれないことが重要でした。私は「播《ま》いた種は必ず芽が出てくるはず」と信じて仕事を進めました。そしてありがたいことに、本部には企画課や情報化推進室など何人もの有能な事務官が揃《そろ》っていました。彼らと一緒に二年半をかけて教員評価システムを導入して実績を残し、筑波大の最後の仕事にしたのです。

筑波大を去るとき、「あなたは、いいのものはいい、悪いものは悪いとはっきりした性格の人ですね」と物理学系出身の副学長に言われました。そのご挨拶の言葉は、素直に最大の褒め言葉と受け取っています。

研究の分野もそうですが、大学の経営というのは理念はもちろんのこと、人とのつながりがすべてです。決して平坦《へいたん》な道ではありませんでしたが、邪魔な石や古い慣行、障害物は取り除いて素直に真直ぐに道のりを辿ってきた私にとって、筑波大での一八年間に培われた多くの方々とのネットワークはかけがえのない宝物となっています。その宝物は、その後の私の人生の中にさまざまな形で大きく息づいています。

4. 宇宙航空研究開発機構（JAXA）

4―1　JAXAへの招聘《しょうへい》

一本の電話

二〇〇八年九月二〇日土曜の夜、自宅に一本の電話がかかってきました。筑波大TARAセンター（先端学際領域研究センター：Tsukuba Advanced Research Alliance）の客員教授の西村暹《すすむ》先生(注24)からで至急な用件とのことでした。西村先生は著名な先生であるし、個人的な面識がなかったので、私は怪訝《けげん》な面持ちで電話口に立ったのです。当時まだ、筑波大の本部で忙しく仕事をしている時期であり、私にはその用件がまったく予想できなかったのです。「私は何か悪いことをしたのかしら」と恐る恐るお話を伺うと、ＪＡＸＡの井口洋夫先生(注25)からの依頼であるということでした。それは「筑波大の南四キロの近くにあるＪＡＸＡ（国立研究開発法人宇宙航空研究開発機構）の筑波センターに『宇宙医学生物学研究室』(J-SBRO:Japan Space Biomedical Research Office)が立ち上がることになったので、その室長である宇宙飛行士の向井千秋氏を五年間ぐらい特任で補佐していただけないか」という内容でした。

井口洋夫先生といえば、有機半導体（絶縁体であることが常識だった有機化合物に電気を通すもの）を発見された世界的に高名な学者です。彼は宇宙開発事業団を牽引《けんいん》した人でもあったのです。井口先生からのお手紙を渡したいとのことだったので、月曜日にＴＡＲＡセンターをお尋ねして詳細を伺うことにしました。この一本の電話が、私と井口先生を結び、向井千秋さんとの出会いになり、宇宙医学研究に深くかかわることになっていったのです。

４―２　国家戦略としての「宇宙政策」を担うＪＡＸＡ

日本政府は、国家戦略としての「宇宙政策」に年間約三〇〇〇億円の国費を投資しています。現ＪＡＸＡは、二〇〇三年、日本の宇宙航空の研究開発にかかわる三機関、文部科学省宇宙科学研究所（ＩＳＡＳ）・独立行政法人航空宇宙技術研究所（ＮＡＬ）・特殊法人宇宙開発事業団（ＮＡＳＤＡ）が統合されて、宇宙航空分野の基礎研究・開発・利用に至るまでを一貫して担う機関として発足しました。内閣府・総務省・文部科学省・経済産業省が共同して所管する最大規模の独立行政法人です。

これまでに目標としてきた宇宙航空分野の技術実証により技術の発展、先導を行うとともに、それらを基盤として活用し、社会や学界が抱えるさまざまな課題に対して解決策を提供し、具体的な価値の創造によって新しい時代を切り拓くことを目指しています。そのために、ＪＡＸＡは科学技術の向上や人々に夢と希望を与えるだけでなく、安心・安全な国民生活の向上とともに、産業の国際競争力を強化し、経済的な利益も生まなければならない使命を持っています。

有人宇宙環境利用ミッション本部有人宇宙飛行士運用技術部に「宇宙医学生物学研究室」を新設するという二〇〇七年のＪＡＸＡの方針により、私は、その室長となる向井千秋宇宙飛行士の特任補佐として招聘されたのです。

４―３　生涯の友、向井千秋宇宙飛行士との出会い

出会い

筑波大の私の研究室へ二人のＪＡＸＡの人が訪れたのは二〇〇八年秋のことでした。用件は、文科省の科研費を申請したいが、「宇宙医学研究」の項目がないので宇宙関連の新規項目を創るに

はどうしたらよいか、さらに宇宙医学研究に協力してもらえないか、という相談でした。私にとって「宇宙」はあまりに遠く、夢のような話だったので、西村先生から伺ってはいたものの、良い返事ができませんでした。多くの学生を育てなければならない大学ですら、先生方は必死で研究費の獲得に骨身を削っていることをよく知っていた私には、高額の交付金が配分されているはずのＪＡＸＡの要求がピンとこなかったのです。

その後、再び筑波宇宙センターから向井宇宙飛行士がフランスのストラスブルグから帰国されているので、会ってほしいという連絡を受けたのです。訳が分からないまま、ＪＡＸＡの人との待ち合わせの場所と時間を指定されました。そして私は、筑波宇宙センターの井口洋夫先生のお部屋で向井宇宙飛行士に初めてお会いしたのです。その日、二〇〇八年一〇月二一日は忘れることができません。準備されていたランチを頂きながら、彼女は初対面の私にまるで旧知の友人に話しかけるかのように、宇宙医学研究について熱く語ったのです。

「ここは研究の文化は何にもないところだから、まずは不用品を集めて地面を耕しているところなの。ロケット開発の予算はあっても研究費はないのよ。それでね、科研費に宇宙分野の項目を創りたいのよ」

「それは無理、無理。成果を出して積み上げないと駄目です」

それは、私が思わず口に出した言葉でした。私はすっかり彼女の邪気のない語り口に旧知の友と錯覚してしまったのです。その断定的な私の一言が、何故か彼女との意気投合の結び目をつくったらしいのです。彼女のパイオニア魂とサイエンス魂が放つオーラは、私の脳髄を貫きました。私が一瞬にしてそのオーラに絡めとられてしまったのは言うまでもありません。それは、これまでに体感したことのない感覚でした。

そして私は思ったのです。世の中にはこんなスケールの大きな女性がいるのだと。あの著名な日本の科学者、井口洋夫翁ですら、お手紙に「私個人としては向井さんをさまざまな面から敬服しております」と書かせた人なのです。かくいう私は、男性否定論者でも、女性擁護論者でもありません。人は人らしくあるべし、と願う素直で真直ぐな一介の研究者にすぎないのです。その私が彼女に参ってしまっても不思議ではありません。彼女と私はうまく呼吸が合って、いつの間にか、もう一緒に仕事をすることになっていました。

二〇〇八年一二月一日より、当初は筑波大本部の仕事をしながら、ＪＡＸＡの筑波宇宙センター「宇宙医学生物学研究室」の向井室長を補佐することになったのです。後に彼女は述べています。

「会った瞬間から、この人は自分と同じ臭いがすると感じた」と。おそれ多いことです。

「向井さんという人は、私と同じだ」

私も同じようにそう思いました。そして、彼女のオーラのもと、超多忙な向井宇宙飛行士に代わって七人の若手プロジェクト研究員を引っ張って研究指導を行い、宇宙医学生物学研究室を立ち上げて五年余り、日本の宇宙医学生物学研究の黎明期《れいめいき》を向井宇宙飛行士とともに奔ってきたのです（写真22）。

後に改めて述べるように、ＪＡＸＡという組織は、研究のための設備や機器を持たず、全国の大学や研究機関と共同研究することで宇宙実験を遂行するという特徴がありました。ＪＡＸＡが組織として担当する役割は、研究者に代わって各国の宇宙飛行士たちが宇宙環境で実験をするためのマネージメントをすることでした。従って、仕事は全国の大学や研究機関に打ち合わせに出掛けることが多く、私も常に同行することになったのです。向井宇宙飛行士には非常に多くの人々がかかわっていて、何人かの方々によく聞かれたものです。

「あなたは向井さんと前からの知り合いなの？　向井さんとの関係は？」

「どうやってＪＡＸＡへ来たの？」

「宇宙医学生物学研究室で向井さんの立ち

写真22　JAXAにて向井千秋さんと　2009年5月。

上げを支援しています」

彼らは私のことを、向井さんを気遣っている不思議な人だと思ったといいます。当初はＪＡＸＡで作ってくれた名刺をあちこちに配り、向井さんもいろいろな人に紹介してくれました。筑波大を退職してから今まで、いやこれからも、私は彼女から前進するエネルギーをもらい続けるでしょう。その彼女からうれしい言葉を頂きました。

「五年間でよくここまで来たわよね。私と先生は生涯の友なんだから、これからもお願いね」

「もちろんです。死ぬまでね」

「私は死なないわよ。一五〇歳まで生きるんだから」

いつも明るい元気いっぱいな向井千秋宇宙医学研究センター長（宇宙医学生物学研究室長のあと就任）でした。私と向井宇宙飛行士をつないでくださった井口先生は、二〇一五年三月、八七歳で還らぬ人となってしまいました。この五年間の活動報告の冊子を持って井口先生のところへ報告に行こうと、向井さんと話していた矢先の訃報でした。

日本女性初の宇宙飛行士

向井千秋さんは日本人宇宙飛行士に選ばれ、初めて宇宙への扉を開いた日本女性です（写真23）。一九九四年七月のスペース・シャトル打ち上げからＩＳＳ（International Space Station：ISS，国際宇宙ステーション）ハッチオープンまでの向井宇宙飛行士の飛行体験のドキュメントは、著書

『向井千秋の宇宙と体のおもしろい関係』（NHK出版）で紹介されています。

J-SBRO のロゴマーク
J-SBRO（宇宙医学生物学研究室）が宇宙に向けて「矢じりの如く突き進む」様子をデザインしている。

写真 23　向井千秋宇宙飛行士（提供 NASA/JAXA）

生い立ちの記——医師から宇宙飛行士へ——

向井さんは群馬県館林市の出身であり、館林市の名誉市民に選ばれています。館林市立「向井千秋記念子ども科学館」に行くと、その生い立ちを詳しく知ることができます。

彼女の娘時代はスポーツ好きのおてんば娘であったようです。中学生のころ、難病の弟をおんぶして群馬（館林）から東京の病院へ通う母親を見ていて、医師を目指し念願の慶應義塾大学医学部に進学しました。

その喜びは、大きくいかばかりであったかが想像できます。

医学部の学生時代は、アルペンスキー競技の回転で優勝し、往年のスポーツ好きを極めたといいます。慶應義塾大学病院では、同大出身者として女性心臓外科医師第一号となったのです。私の長男もそうですが、外科医師の生活というのは、通常一日は時間から時間までの八時間労働ではなく、一年も暦通りではありません。家族を含めて病院の業務を中心に生活が回っているのです。しかも多くの若手外科医師は集中治療室も経験します。集中治療室勤務の外科医師は不眠不休なのです。医局に戻った外科医師は疲労困憊《こんぱい》で、お酒をあおることになります。私が筑波大の医学系に赴任したとき、男性外科医師三人と同室であったことは前に述べましたが、彼らも同じような状況でした。おそらく、女性の向井外科医師でも同じであったに違いありません。

一九八三年一二月のこと、向井さんは、夜勤明けの当直室でコーヒーを飲みながら新聞を読んでいたとき、気になる記事を見つけました。「宇宙飛行士日本人第一号を一般公募する」というものです。彼女は、新聞記事を切り抜いてお財布にしまい、取り出しては繰り返し繰り返し読んだそうです。そして、「応募条件は私にぴったりじゃない」と思い、その三日後には決断しました。「駄目もとで応募してみよう」その決断力が向井さんの非凡なところなのです。凡人は、財布の中に新聞の切り抜きを畳んだ角が擦り切れるまで持っていて、開いたときには締め切り日がとっくに過ぎていたということが多いのです。そのとき、彼女の脳には〝宇宙飛行士日本人第一号に応募せよ〟と、運命の女神のお告げがあったのでしょう。「夢に向かって飛ぼう」と決意したら、彼女の意志は固く、万難を排してあらゆる努力をして目標に向かう人です。

一九八五年八月、五三三人の応募者の中から選ばれたのは三人でそのうちの一人が女性の向井千秋さんでした（後、二人は毛利衛《もうりまもる》さん、土井隆雄《どいたかお》さん）。

この輝ける女性の第二の仕事にかかわる相棒が私であるということ、人生とは本当に不思議なものです。

今世界に羽ばたいている女性の最良のモデル、向井千秋さん

二度の宇宙飛行を果たした向井宇宙飛行士は、フランス・ストラスブルグ市郊外に本部キャンパスを構えている国際宇宙大学（ISU：International Space University）の客員教授として招かれ、その経験を生かして人材育成活動を行っていました。

このほかにも現在に至るまで、彼女の国際活動を挙げれば枚挙に暇がありません。世界宇宙飛行士会議、宇宙関連の国際調整会議、各国国立大学の講演、気候変動に関する国際連携会議、国連宇宙空間平和利用委員会（COPUOS：Committee on the Peaceful Uses of Outer Space）など。なかでもCOPUOSは、旧ソ連によりスプートニクが打ち上げられた後の一九五九年、国連で決議された「宇宙空間の平和利用に関する国際協力」により、常設委員会として設立されました。COPUOSには、現在日本を含む七四カ国が参加し、国連で最も大きな委員会の一つとなっています。

彼女の精力的な国際活動は、二〇一三年五月、女性飛行士誕生五〇周年記念パネルとして開催された国連のCOPUOSにおいて「ジョー・カーウィン賞」受賞により国際的に評価されたのです。ジョー・カーウィン賞は、宇宙飛行の人体生理にかかわる研究やその対策の貢献に対して贈られる

賞です。向井宇宙飛行士は、テレシコワ女性飛行士をはじめとした各国の女性宇宙飛行士や男性宇宙飛行士からも絶賛され、世界中で大反響を受けました。

また、彼女は、二〇一五年二月、国連宇宙大学の人材育成や宇宙における研究活動などが評価され、フランス政府からレジオン・ドヌール勲章「シュバリエ」を授与されたのです。そしてこの四月から国連のCOPUOS議長に選ばれて活躍しています。

このように向井千秋宇宙飛行士は、私が影響を受けた女性の中で、世界に羽ばたく日本女性の最も良いモデルです。

等身大の向井千秋さんという人

J-SBROにおける五年間は、私は常に向井室長とともに歩んできました。向井さんは一年のうちの半分くらいは海外にいることが多かったのですが、メールは常時つながっていて、メールのやり取りでいつもすぐ傍にいるという仕事のやり方でした。私は室長に代わって、プロジェクト研究員の研究を指導すればよかったのです。困ったことができたときはメールすれば、室長からは優先順位を付けて必ず的確な対応があったのです。だから、室員は、方針だけ述べて国内外を飛び回っている室長であっても、安心して仕事を進めることができました。これこそ、命を懸けた科学者が与える力です。とにかく、四六時中、さまざまなことで超多忙な室長であったのです。

そんな向井さんから、元気を頂いたたくさんの向井語録が私の中に蓄積されています。

「夢に向かってもう一歩、夢があればいつかは実現する」

「宇宙医学は究極の予防医学、同じ畑を耕そう」

「私は皆の役に立ちたい。自分のことより、皆がいい方がいい」

「本物の研究っていいわね。元気が出る。研究って、自分が最も興味があることでないとできないものよ。研究者はね、テクニシャンでは駄目なのよ」

「宮本武蔵みたいに〝気を抜く〟ってことができないかやってみたの」

「ビールを飲みながらブレストしよう。時間つくって温泉に行きたいわね」

「お茶っ葉はフードプロセッサーで粉にして、お湯で粉まで飲んじゃうの」

「あっ、素敵なの着てる。これ絹? 母にこういう動きやすくてお洒落な服を買ってあげたい」

「取材なのよ。JAXA制服、ちょっと貸して」

という具合に率直、ほめ上手です。誰もが彼女を好きになってしまうのです。また、向井さんはいろいろな場所に出なければならないから、色とりどりのたくさんのスカーフを揃えていて、雰囲気に合ったさり気ないスカーフの身だしなみを心得ていました。パワー溢《あふ》れる素敵な可愛い女性です。

4―4　JAXAの仕事

二〇〇八年一二月、初めてJAXAへ出勤しました。四カ所のセキュリティーチェックをクリアーしてJAXA構内の奥にある宇宙飛行士養成棟（ATF）の三階の大部屋に入ると、机と書棚等の什器《じゅうき》が運び込まれて雑然とはしていたものの、八人ほどのメンバー用のデスクと非常勤メンバー用のデスクが並んで、オフィスとして使用できる状態になっていました。

「宇宙医学生物学研究室」の立ち上げ

当初、週に一日出勤するくらいでは研究室の全容が見えるはずもなく、招集された会議では、室員が話す言葉は「宇宙語」でした。当然のことながら、議論の意味はまったく分からなかったのです。初めて海外に行ったときより、みじめな気持ちになりました。「矢じりのごとく障壁を突き破り、フロンティアーを開拓する」という理念を掲げる向井室長の心意気だけはよく理解でき、これが唯一の心の拠《よ》り所になりました。その理念を基にした宇宙医学生物学研究室（J-SBRO）のロゴマーク（写真23）のデザインを議論したときの白板のメモは、消さないまま六年経った今でも残っています。

向井室長は、月の半分くらいは海外の会議や講演に出掛けていて、とても忙しそうでした。当初、就任の世話をしていただいた前筑波宇宙センター長であった清水順一郎氏と厚生労働省から出向していた田中一成氏だけが、意思疎通できる相手であったのです。これまでの宇宙飛行士が書いた一般向けの本を買い込んで「宇宙語」を叩《たた》き込んだものの、「本当に私は向井室長の役に立つのだろうか？」という疑念が時々に頭をかすめました。しかしながら、翌年、筑波大の特任教授を辞するまで、週一日の出勤日以外にも宇宙メダカの研究を取り組んでいる大学・研究機関を回ったり、いろいろな研究機関を招いた室内の「勉強会」に参加したりしていくうちに、宇宙医学生物学研究の内容が見えてきました。「習うより慣れろ」とはよく言ったものです。その半年間は、宇宙という新しい分野にチャレンジするのに良い適応期間であったわけです。

宇宙における人体の生理学的問題点が理解できると、基礎医学と生物学を学んできた私にとっては、宇宙医学研究はどれも非常に興味深いテーマでした。室員は、他部署からの研究室の併任や非常勤研究員の支援があったものの、わずか一一人程度でした。この少ない人数で当初一三のJAXA内部のテーマに挑んでいたことを考えると、室長の牽引力《けんいんりょく》は凄《すさ》まじいものがありました。外科医師でもあった向井室長は、宇宙から体を見つめ、「宇宙医学は究極の予防医学」であると言い当てました。私は、人の生命の根幹にかかわる宇宙医学研究は必ず地上の医療に貢献するものと信じました。そして、「同じ畑を耕してみよう」と誓ったのです。

筑波大から離れると、ほとんど常勤に近い非常勤嘱託として本格的にJ-SBROにかかわることになりました。プロジェクト研究員の研究指導と対外的な研究機関との調整が私の主な仕事でした。

〝プロジェクト研究員のお母さん〟

プロジェクト研究員というのは、二〇〇九年四月から新たに採用したJ-SBRO配属の三年任期の研究員のことです。彼らは、新卒の学位取得者であることが多いのですが、ポスドク経験者であることもあります。研究機構は、研究を遂行する職業人としての場であるため、JAXAでは彼らには相当な報酬と研究者としての権利が認められ、独立した研究者として扱われました。しかしながら、今は、特に新卒の学位取得者の場合、学位を持っていても、自主独立して研究をデザインし実験計画を構築するにはあまりに経験不足だったのです。彼らは研究を指導する案内人を必要としていました。与えられた権利を履き違えず、三年間という短い期間にしかるべき研究成果を上げるには、当人のみならず、指導にもかなりエネルギーを使わなければなりませんでした。

臨床医学で学位を得た向井室長はそのことをよく理解していました。だから、室長は〝プロジェクト研究員のお母さん〟を私に求めたのです。しかも、長い間、医学系で基礎医学や生物学の多くの大学院生を指導してきた私に対して、絶対の信頼を置いてくれたのです。一方、プロジェクト研究員たちも同じように親密な信頼関係を寄せてくれました。このような関係は、彼らのやる気を引き出して志気を揚げ、明るく元気な〝プロジェクト研究員室〟を踏み出すことができたのです。

JAXAの仕事のやり方

第一期生として入ってきた三人の研究員と接する日々が始まりました。研究室では、長年、宇宙環境利用研究に携わってきた整形外科医師の「研究領域リーダー」大島博氏と、アメリカにあるJAXAヒューストン駐在所から赴任した「研究計画マネージャー」山本雅文氏の二人のJAXAプロパー職員が、運営の核になっていました。向井室長から「この二人が研究室の車の両輪になっている」と紹介されました。

しかしながら、ＪＡＸＡは研究を行うための設備を持たない研究開発組織であったため、研究員たちはどうしていいか分からない状態に陥りました。ＪＡＸＡの研究のやり方は、その分野で国内第一線の研究機関と連携し、ＪＡＸＡが宇宙実験（地上実験も含まれる）をマネージして研究資金を運用するというしくみになっていました。ＪＡＸＡ内部の研究テーマの場合は、研究員が研究施設に出掛けて行くか、ＪＡＸＡの外郭組織の研究サポーターと組むか、サンプル取得までを研究者が行い解析は外注する、という方法で研究が行われていました。

また、ＪＡＸＡの組織内では、ＪＡＸＡ仕様の書類システムがきっちりと決められていました。私は、書類作成に慣れていないプロジェクト研究員たちを文章の書き方から指導しなければなりませんでした。彼らの研究計画は、論理性、実現性、達成基準にフォーカスを当ててマネージメント担当者から厳しく追及されるのです。その書類システムの文化に慣れるのに、研究員たちは、精神的にも能力的にも莫大なエネルギーを要したのです。大学で研究を指導する立場にあった私には、ＪＡＸＡに実験設備がないということを除けば、ＪＡＸＡの書類システムはよく納得できました。通常、大学の先生方は、同じような流れで大学院生の研究指導を行っているものです。ただ大学では、ＪＡＸＡのように書類様式になっていないだけです。

そうした条件のもとでプロジェクト研究員は三年の任期内にどうしたら自分のキャリアにもつながるような研究成果を出せるのか、男女を問わず、真剣に悩み苦しみながら努力と工夫を重ねていました。その状況を目の当たりにしたとき、私の親心が動かないはずがなかったのです。そこでまず、彼らの出身研究室に協力を取り付けさせ、将来のために科研費の申請法を習得してもらう方針で臨むことにしました。私も暗中模索しながらの研究指導でした。彼らのあらゆることの相談相手になり、研究計画にかかわる書類の文章を時間外でも添削し、内容に踏み込んで細々としたことにも指示をして、私は無償の支援をしました。うまくいったときは一緒になって喜び、失敗したときは一緒になって地団太を踏みました。

彼らはもともと有能でしたから、話し合いながら自分の研究テーマを見いだし、三年間で見違えるほど成長して、それぞれの分野で活躍の中心になっていきました。私は、研究のみならず、恋愛、結婚、病気、就職、家庭問題等々、文字通り、任期付き研究員のお母さん役を担ったのです。その彼らが「ひまわりみたいな先生」と、なんと筑波大の大学院生と同じ言葉を私に贈ってくれたのです。私はここで八人のプロジェクト研究員と苦楽を共にしました。彼らは次の職場で花を咲かせているころでしょう。

二〇一五年四月から黎明期を支えた室長、研究計画マネージャー、研究領域リーダー、研究サポーターが引退して新しい体制が構築され、名称も「国立研究開発法人宇宙航空研究開発機構」に変わりました。これからの宇宙医学は、月や火星など人類が宇宙で長期生活ができることを目指した研究が進むことでしょう。

本章の終わりに、人々の出会いは人生の宝です。組織というのはその人々のつながりですから、悪いところがあればきっとつくり変えられるはずです。より良い組織を目指して、何をなすべきか、これこそ、次の世代の方々の知恵に期待することです。

注

（注1）**小児マヒ**　正式名は急性灰白髄炎《きゅうせいかいはくずいえん》。ポリオ（Polio）とも呼ばれポリオウイルス感染によって発症する。初めの数日間は胃腸炎のような症状が表れるが、脊髄《せきずい》の灰白質が炎症を起こして左右非対称の弛緩《しかん》性麻痺（下肢に多い）が発症する。小児に多く発症するため、小児マヒと呼ばれる。

（注2）**ソークワクチン（Salk vaccine）**　急性灰白髄炎（小児マヒ）の予防に用いられる不活化ワクチン。米国のＪ・ソークが開発。ポリオウイルスに感染させたサルの腎《じん》細胞の組織培養液をホルマリンで不活性化したもので、一回一ミリリットルを三回筋肉内に注射すると、八〇〜九〇％の予防効果を示す。

（注3）**セービンワクチン（Sabin vaccine）**　急性灰白髄炎（小児マヒ）の生ワクチン。シロップ状にして内服できる。ロシア生まれの米国の細菌学者セービン（Sabin）が開発。

（注4）***Streptomyces* の属名 *Hamadaea***　浜田雅先生の名が残る放線菌の属名。

（注5）***Actinomycetes***　放線菌目。

（注6）***Streptomyces***　抗生物質の大部分を生産する細菌で、放線菌の多数を占める。主に土壌中に棲息《せいそく》し、中には根菜類に病気を引き起こすものもある。ゲノムサイズは九〇〇万塩基対（bp）で、細菌の中ではかなり大きい。

（注7）**吉岡弥生賞**　日本における女性医師の育成の礎を築いた吉岡弥生の偉業を称《たた》え、その名を永久に伝えるとともに、女性医師の医学、または社会への貢献を図ることを目的として制定された。吉岡弥生は東

京女子医科大学創立者。

（注8）**黒屋奨励賞**　細菌学における新しい着想や未開発の分野の研究を展開しつつあり、独自性の高い研究の創成が期待される新進気鋭の研究者を奨学する。

（注9）**向畑恭男**　生化学者。大阪大学、名古屋大学教授、高知工科大学教授を経て、高知工科大学総合研究所教授。レチナールタンパク質を持つ高度好塩性古細菌の研究に貢献。日本生体エネルギー研究会の発展に尽力し、日本の生体エネルギー研究の進展に多大な貢献をした。

（注10）**中尾真**　生化学者。医学博士。東京医科歯科大学医学部名誉教授。東京女子医科大学の順子夫人と連携して生体膜のナトリウムポンプの機構や、赤血球膜の分子構築の研究に貢献した。

（注11）**松井英男**　生化学者。元杏林大学医学部教授。東京大学医学部出身。ナトリウムポンプの分子機構を研究するかたわら、一九九八年礫川《こいしかわ》浮世絵美術館を開設し館長を務める。シカゴのイリノイ大学に客員講師として赴任中、シカゴ美術館の日本美術展示室に、江戸時代の庶民文化に過ぎない浮世絵版画が展示されているのを見て、大きなカルチャーショックを受けたのが契機になり、浮世絵のコレクションを始めた。

（注12）**ジョン・ペニストン**　米国の生化学者。米国ミネソタ州ロチェスター市に本部を置く総合病院、メイヨー・クリニック生化学教授。小胞体膜の Ca^{2+}-ATPase の構造解析・機能解析に貢献した。

（注13）**竹安邦夫**　機能生化学者。医学／理学博士。神戸大学農学部畜産学科／広島大学理学研究科動物学出身。日本学術振興会ＪＳＰＳロンドン研究連絡センター長、元京都大学大学院生命科学研究科教授。膜タンパク質の細胞内輸送機構に関する分子細胞生物学的解析を行っている。原子間力顕微鏡（ＡＦＭ）を用いて、ＤＮＡやタンパク質の一分子の動きを可視化することに成功。自立した研究者の育成をモットーとした教育を展開。

（注14）**酵素の回転説**　ポール・ボイヤーがATP合成酵素の反応過程は「回転する」という仮説を提唱（一九八一年）。次の三つの研究により「回転している」ことが証明された。①吉田賢右による「触媒部位βサブユニットは三個」の証明、②ジョン・ウォーカーらによるF_1部位の立体構造の決定（一九九四年）。③野地、吉田らによる『F_1部位分子の回転』の可視化（一九九七年）。

（注15）**好熱菌** *Bacillus stearothermophylus*　至適生育温度が四五℃以上、あるいは生育限界温度が五五℃以上の微生物。生息域は温泉や熱水域。

（注16）**二井将光**　生化学者。東京大学薬学部出身。コーネル大学客員助教授などを経て、岡山大学教授、大阪大学教授、大阪大学産業科学研究所所長、岩手医科大学教授。ATPを生産するATP合成酵素の構造と機能を遺伝子とタンパク質レベルで解明した。藤原賞（二〇〇九年）、「生物エネルギーの生産機構の研究」で学士院賞（二〇一二年）を受賞した。

（注17）**筑波研究学園都市建設法**　昭和四五年五月一〇日　法律第七三号（最終改正：平成二三年八月三〇日法律第一〇五号）筑波研究学園都市の建設に関する総合的な計画を策定し、その実施を推進することにより、試験研究および教育を行うのにふさわしい研究学園都市を建設するとともに、これを均衡のとれた田園都市として整備し、あわせて首都圏の既成市街地における人口の過度集中の緩和に寄与することを目的とする法律。

（注18）**国立学校設置法**　昭和二四年五月三一日　法律第一五〇号（最終改正：平成一五年四月二三日　法律第二九号）文部科学省文部科学大臣の所轄に属する国立学校を設置する法律。

（注19）**ピペットマン**　プッシュボタンを押し下げてピストンが排出したエアーの容量分の液体を吸入・吐出するマイクロピペット。一～一〇〇〇マイクロリットルの容量の液体が使用できる。

（注20）**クリーンベンチ**　細胞や微生物を取り扱う際に、埃《ほこり》や雑菌の混入（コンタミネーション）を防ぎ、無

菌状態で作業するための作業装置。

（注21）**シグマＢ因子**　細菌のＤＮＡ上で転写を開始する遺伝子の場所を決定するタンパク質。ＲＮＡポリメラーゼと結合し、プロモーター領域の特異的な配列を認識することで、どの遺伝子を読むかを決定する。通常細菌はシグマ因子を多数持っており、環境に応じてその存在比率を変えることでその環境に適した遺伝子群の転写を保障している。

（注22）**原子間力顕微鏡（AFM：Atomic Force Microscope）**　走査型プローブ顕微鏡（ＳＰＭ）の一種。カンチレバー（片持ち梁）の先端に取り付けた鋭い探針を用いて、試料表面をなぞる、または試料表面と一定の間隔を保って試料表面を走査し、そのときのカンチレバーの上下方向への変位を計測することにより、試料表面の凹凸形状の評価を行う。

（注23）**大島宣雄**　医工学者。京都大学工学部出身。東京女子医科大学、筑波大教授を経て、筑波大名誉教授。工学者から見た、化学プラントと人体機能を類比させることにより、人工臓器や再生医学の最先端技術を具体化したことで知られる。著書に『人体再生に挑む』『入門医工学』などがある。また、大学院修士課程の論文作成の指導には定評があり、人材育成にも多大な貢献をした。

（注24）**西村　暹**　生化学者・分子生物学者。東京大学理学部化学科出身。理学博士。オークリッジ国立研究所、ウィスコンシン州立大学等を経て、国立がんセンター研究所、万有製薬㈱つくば研究所所長。在米中ハー・ゴビンド・コラナの研究室において遺伝暗号解読プロジェクトで中心的な役割を果たした。一九六八年コラナはこの仕事でノーベル生理学・医学賞を受賞。帰国後はtRNAの研究に転じて世界的な研究拠点を形成した。アメリカ生化学・分子生物学会名誉会員。一九八八年「核酸塩基修飾に関する有機化学・生化学的研究」で恩賜賞・日本学士院賞、一九九〇年藤原賞を受賞した。

（注25）**井口洋夫**　有機化学者。東京大学理学部化学科出身。有機化合物は電気の絶縁体という従来の考え

方を覆し、有機化合物に電気を通すものがあることを発見した、分子エレクトロニクス研究の先駆者。発見した物質は「有機半導体」と名付けられ、さまざまな電子機器を小型化する技術に応用されている。この業績は世界で認められ、文化功労者（一九九四年）、文化勲章（二〇〇一年）を受章、藤原賞（一九八九年）、京都賞（二〇〇七年）受賞。岡崎国立共同研究機構長、豊田理化学研究所所長、宇宙航空研究開発機構長などを歴任した。

参考文献

（1）生存学センター研究報告　10：83-112.　二〇〇九

（2）『小児マヒ』川喜田愛郎編　岩波新書　一九六一

（3）『放線菌と生きる』日本放線菌学会編　みみずく舎／医学評論社（発売）二〇一一

（4）Boyer P.D. and Kohlbrenner W.E. (1981) in the Energy Coupling in Photosynthesis, by Selman B. and Selman-Reiner, 231-240.

（5）Abrahams JP *et al.* (1994) Inferred from the crystal structure of mitochondrial F_1-ATPase. Nature, 370:621-628.

（6）Noji H. *et al.* (1997) Direct observation of the rotation of F_1- ATPase. Nature, 386:299-302.

（7）Ohta T. *et al.* Atomic force microscopy proposes a novel model for stem-loop structure that binds a heat shock protein in the *Staphylococcus aureus* HSP70 Operon. Biochem. Biophys. Res. Commun. (1996) 226:730-734.

（8）Morikawa K. *et al.*(2003) A new staphylococcal sigma factor in the conserved gene cassette: Functional significance and implication for the evolutionary processes. Genes Cells 8:699-712.

（9）『研究資金獲得法――研究者・技術者・ベンチャー起業家へ――』塩満典子・室伏きみ子著　丸善　二〇〇八
（10）『科研費獲得の方法とコツ――実例とポイントでわかる申請書の書き方と応募戦略――』児島将康著　羊土社　二〇〇九（改訂第三版　二〇一三）

第3章

女性としての半生

結婚・出産・育児・生活

これまでの章では、私の研究者・教育者としての側面を述べてきました。しかし、私にはこのほかにもう一つ、女性としてかかわった家族との生活の側面があります。女性研究者の場合、この二つの側面は切り離して考えることはできないのです。本章では、結婚・出産・育児を含む日常生活をどのように過ごしたのかを紹介します。

1．〝我的上海〟――私の少女時代

1―1　上海《シャンハイ》の日本租界《そかい》

私は、中国上海の日本租界の陸軍官舎で生まれました。当時、私の父が陸軍の軍職にあり、六年間以上も上海に駐在していたためです。一九四三年のことです。

父の青年時代である昭和初期は、台湾や満州が日本の植民地であり、優秀な青年を教育して外地に送り込むため、日本政府が学資を出して台湾や満州の大学へ入ることを推奨していました。つい最近のこと、老いて病院の介護施設にいる叔母を見舞ったとき、叔母の話から次男の父とすぐ下の三男の叔父は、それに応募してそれぞれ、台湾と満州に渡ったことを初めて知りました。当時は三人も大学に上げる財力がなかったので、三人の男兄弟のうち、長男の伯父だけが国内の大学へ入れてもらえたとのことでした。その叔母も一昨年の春他界しました。台北の高等商業学校（現、台湾大学）で学んだ父は、陸軍士官学校で訓練を受けて上海部隊に配属となりました。

『大地の子』

私の幼少時の写真は、上海で写した数枚の写真が写真帳に残っているのみで、どういうわけか黒い台紙の写真帳は、戦後までの数ページの写真は全部剝《は》がされて空きページのままです。上海での数少ない写真の中に、父が「貞子さん」と呼んでいた若い女性に抱っこされている私の写真が何枚かあります。彼女は、上海で近所に住んでいた娘さんで、よく私の子守をしてくれたそうです。後年、父は、ラジオの「尋ね人の時間」を通じて日本に戻っていた貞子さんを探し当て、会いに行ったことを知りました。父は戦争中のことを語ることはまったくなかったけれど、この執念からも父の上海への思いは相当なものであったことが伺えます。その父はすでに他界し、母も脳梗塞《のうこうそく》で意思疎通ができなくなり昨年逝ってしまった今、空きページの意味は永遠に分からなくなってしまいました。

敗戦の色濃くなった一九四四年、父は母と私を日本へ帰還させることを決断し、幸いにも、私は母とともに第二次世界大戦終戦の一年半前に船で日本に帰ることができたのです。その船旅は、船酔いと餓えで生きた心地がしなかったこと、母は何度も私と一緒に海に身を投げようと考えたが、子どものために辛うじて思いとどまったことなどを、生前の母の話から知ることができました。たくさんの人々がその苦しさから入水《じゅすい》したそうです。この時期に父が家族を日本に帰還させたという配慮は正しく、敗戦による混乱から置き去りにされた子どもたちは残留孤児になったり、中国人に貰《もら》われたりする運命にあったようです。

山崎豊子の小説『大地の子』は、残留孤児の波瀾万丈《はらんばんじょう》の半生を描いたものです。一九九五年にそれを原作としたNHKのテレビドラマが放映されたとき、父は文藝春秋から出版された原作を購入したのですが、身につまされてどうしても読めないと、私が上中下三巻を父から貰い受けました。

このように戦争はあまりに多くの悲しいドラマを生むものです。その過酷さゆえに、父や母は上海の生活について多くを語らなかったのかもしれません。

信州の大家族

母と私が落ち着いた先は、長野県上田市（旧小県郡《ちいさがたぐん》）の山間《やまあい》にある父の実家でした。実家は山村の大きな旧家で、村長をしていた祖父を中心として、父の兄弟の家族が同じ敷地内にそれぞれ屋敷を持つ大家族でした。母は、私と年子で生まれた私の妹と、同い年の従妹《いとこ》の三人の赤ちゃんの世話でてんてこ舞いであったと聞いています。その従妹というのは、父の弟夫婦の子どもでしたが、叔母が結核にかかったため、生まれて直ぐに母親から引き離され、私の母が自分の子どもたちと一緒に育てたのです。

幼少の私は、すぐに熱を出す虚弱体質でした。田舎の生活の栄養不足からか全身の皮膚病に罹《かか》り、父の妹である叔母に背負われて毎日、毎日、近くの山里の温泉である別所温泉に入れてもらい、湯治をしながら育ちました。叔母の努力と亜鉛華軟膏《あえんかなんこう》のおかげでその病は治ってきたものの、小学校へ上がるまで、まつげの生え際の瘡《くさ》として残り、そこにいつも消毒用の真っ青なメチレンブルーの軟膏を塗っていました。その容貌《ようぼう》は、今でいえば極太のアイラインを目の縁に描いているようなものでした。ロウのように白い顔をした、目の縁を群青色に染めている少女を想像してみましょう。

当然のことながら、私は屋外で遊ぶこともなく、家内でひっそりと本を読んだり、じっと一人遊びする女の子に育ちました。だだっ広い座敷で、ベタベタ貼《は》りつく接着性のものを塗ったハエ取りの短冊に止まり手足をスリスリするハエや、縁側をゾロゾロと列をなして歩いているアリを根気よく眺めていました。「やれ打つな 蠅《はえ》が手をすり 足をする」という、かの有名な小林一茶の句を学校で習ったとき、実にうまく言い当てていると、独り感じ入っていたものでした。

変わりゆく上海

後に研究者となり、平成の時代になってから、私は上海を訪れる機会が二度ありました。二回とも上海で開催された日本と中国の国際学会です。最初の機会は、第八回アジア・オセアニア生化学会（FAOB）（一九九二年一一月）、次の機会は日中合同微生物学会（二〇〇〇年八月）です。

最初の学会FAOBは、自治医大・生化学教室の香川靖雄教授から上海の学会に参加することを誘われたときで、私の出生の原点を知るためにも二つ返事で参加することに決め、ご一緒することにしたのです。初めての上海でもあり、方向音痴の私は西も東も分からず、健脚の香川先生が同行してくださることにとても助けられました。戸籍謄本と、上海の日本租界官舎一〇番の門前で

写真24　変わりゆく上海（旧上海市 銀桂路 安楽里）
旧上海日本租界官舎。今はもうない。

撮った父に抱かれた赤ちゃんの私の写真を頼りに、タクシーで出生時に住んでいた所を探し当てることができました。五七年前の写真そのままの門構えと住居を見いだしたときの感動と衝撃は忘れることができません（写真24）。

私は、昔の日本租界の官舎はもちろんのこと、上海の街の写真をたくさん撮って帰国しました。どんなに誘っても一緒に行こうとしなかった父にそれを見せたところ、何も言わずに写真帳の表紙裏に大きく「我的上海」（私の上海の意）と毛筆で書いてくれました。これは書家でもあった父の遺筆になってしまいました。

二〇〇〇年に上海を再度訪ね日中合同微生物学会に参加したときは、すでに上海の再開発が始まっていました。初めての上海はタクシーで回ったので、ほとんど地理を覚えていませんでした。そこで、この二回目の上海訪問には、中国の市営バスに乗り継いで、徒歩で日本租界官舎と謄本にある出生した病院の福民病院を尋ね当てようと考えていました。

すると、共同研究を組んでいた順天堂大学細菌学教室の平松啓一教授が、教室の講師である中国人の催龍沫先生（現、自治医大教授）を連れてきて、一緒に探してあげると学会のエクスカージョンの自由時間に同行してくれたのです。催先生は、道なき路地に入り、暑いから裸でたむろして座り込んで麻雀をしている年配者に中国語で聞いてくれました。しかしながら、誰に聞いても戸籍謄本の「上海市銀桂路」となっている場所がどうしても見つからないのです。平松先生は「見つかるまで帰らない」と諦《あきら》めかける私をけしかけました。

そしてついに、スクラップされてロープが張られ、立ち入り禁止になっていたその場所を見つけたのです。私が生まれた病院は看護学校になっていました。こうして、私のルーツ探しの汗だくの三人の珍道中は首尾良く終わりました。今、その上海は、元の面影を想い描くことすら難しい、近代的な大都市に生まれ変わってしまいました。

1—2　信州から横浜へ

終戦後、日本へ帰還した父は英語ができたため、中学校の英語の代用教員をして生計を立てていました。しかし、父の兄や母の兄姉が生糸関係の仕事に就いて横浜界隈《かいわい》で生活していたことから横浜へ出ることに決めたのです。一九五一年（昭和二六年）、私が小学二年生、妹が一年生、弟が三歳になった夏のことでした。自然豊かな田舎から喧騒《けんそう》の都会への引っ越しは、子どもたちにとってまさに青天の霹靂《へきれき》でした。私はますます無口な子どもになったのです。

和泉美代子先生との出会い

横浜市鶴見区にある矢向《やこう》小学校へ転校して慣れ始めたころ、クラス替えがあり、担任として新しく赴任した若き和泉美代子（結婚して山澄美代子）先生に出会ったのです。小柄な女性でしたが、とても字が上手な先生でした。この先生に小学校卒業まで長い間受け持ってもらうことになるのです。

当時、学校では母子家庭の子どもが多く、学校へ小さい弟を連れて来て面倒を見ながら授業を受けている子がいたり、男の子は悪ガキが多かったのです。昼間働いて生計を立てているお母さんもいました。手が空いているお母さんたちはそんな子どもたちの面倒を見ていました。もちろん、私の母もその中の一人でした。

学校給食は、タンパク質補給のために脱脂粉乳が与えられましたが、その味はまずく多くの子どもたちは、味わうことをせずに一気に飲み込んでいました。しかも、家から野菜類を持ち寄っては学校給食の材料にしていました。母は三人の子どもたちを養うため、卵焼きに小麦粉を入れて量を増やして空腹を満たす工夫をしていました。また、こたつの中で雛《ひな》を育ててニワトリを飼い、卵と肉を自給自足していたのです。このように、戦後の復興期は日本中が貧しく、家庭でも学校でも協力することが当たり前の時代でした。

和泉先生は休みの日になると、蒲田《かまた》にある自宅へよく生徒たちを招いてくれました。そして、昼夜を問わず、先生は黙ってクラスの母子家庭を支援していました。このように先生は、母子家庭の子どもたちの世話をしながら学級を支えていたのです。私は、そんな先生のような人になりたいと子ども心に思っていました。女性としてのお手本を和泉先生に見ていたのでしょう。四月七日生まれの私は、クラスの中でも最年長でしたから、よく担任の先生の補佐役をして落ちこぼれ男子の世話をしていました。

私は両親と仲良し三人姉妹弟の長女としてつましい家庭で育ちましたが、私にとって小中学校時代は何にでも興味を持ち、貧しくもただただ楽しい日々でした。今になって思うと、私は幼少時から現在の職業人に至るまで、学級の、クラブ活動の、大学の、組織の「お母さん」役をしていました。

後年、成長したかつての悪ガキたちが小学校のクラス会を企画し、重いリウマチで車椅子《くるまいす》の先生をお招きしたことがありました。先生にお会いできて非常にうれしく思いつつ、先生が長い間病と闘って来られたことを知り、その不屈の精神に感動したものです。もう一〇年以上前になりますが、先生が亡くなられたとき、多くの教え子たちは悲しみに堪《た》えてお骨を拾ったのです。私は運悪く、病に臥《ふ》す夫のために告別式だけで失礼してしまいました。そのとき贈られた歌集『春の匂ひ』（主婦の友文化センター）は花の歌でつづられた闘病記でした。生きることへの強い希望と感謝の短歌、先生のいつも変わらない前向きな短歌の数々で埋め尽くされた歌集には、教え子一人ひとりに宛てたお手紙が添えられていました。あの忘れもしない先生の筆跡で。

雲浮かぶ空にあこがれもつごとく白木蓮は天に真向かう
病める身の家に籠もれる日々なれば春の匂ひは甘くかぐはし

（『春の匂ひ』より）

五人の魔女と青春時代

私が中学生になろうとする一九五五年（昭和三〇年）ころは、戦後の最も貧しい時代から国全体が少しずつ立ち上がりかけてきたときですが、社会は非常に治安が悪かったのです。横浜界隈では愚連隊と呼ばれる不良が横行し、アメリカ兵らによる一般女性への性犯罪が後を絶ちませんでした。これを抑制するためという口実で、実際には警察も公認で「赤線地帯」と呼ばれるエリアで売春が行われ続けていました。しかも、家庭では押し売りによる恐喝が横行した野蛮な時代でした。

信州の生糸工場を経営していた地方財閥の娘として育った母は、子どもたちへの危険を心配し、私と妹の女子の教育には特別に気を使っていました。住んでいる地域の中学校への進学を許しませんでした。そこで、私たち姉妹は、世田谷に住んでいた母の友人宅へ寄留させてもらい、私はその学区内である自由が丘の中学校で、妹は田園調布の小学校で教育を受けたのです。そのおかげで、私たち姉妹は生活が豊かでなくても、社会の悪い部分に触れることもなく、心豊かな楽しい少女時代を送ることができたのです。

虚弱体質であった幼少時、私は可哀そうでハエたたきでハエを殺すことができませんでした。「ぐずぐずしないで早く叩《たた》け」といつも父親に小言を言われながら、気だるくぼんやり生きていました。しかしながら、何故か生きているものには関心があり、中学校と高校のクラブ活動は生物部に入ったのです。

高校では文化部と運動部の両方に入ることができたため、誘われてバレーボール部にも入ることになりました。入学した東京都立大学附属高等学校は、前身が東京府立高校です。もともと男子校であったため、一クラスの女子は少なく五〇名中の三分の一の一七人でした。だから、女子同士が親密になるのも早かったのです。初めて親しくなった明朗闊達《かったつ》な級友の誘いを断り切れず、私は女子バレーボール部に引っ張り込まれたのです。

ところが、放課後のバレー部員の生活は、私のこれまでの静かな生き方を劇的に変えたのです。まず、大学生のかっこよいOBの先輩たちが毎週やって来ては、球拾いからパスの仕方、サーブの仕方、筋肉トレーニングなど、厳しいけど根気よくコーチしてくれました。体育館の上の埃《ほこり》っぽい部室では、時に新しい女性の生き方を議論し、友情や哲学を語り、OBの噂話《うわさばなし》をし、練習の厳しさはあったものの、放課後が待ち遠しくて仕方がありませんでした。

軽井沢の夏の合宿や沼津の春の合宿は部を挙げて行われました（写真25）。合宿の夜の集《つど》いでは、大学生の先輩たちが「沈黙は美徳ではない」と私の無口な引っ込み思案を叩いてくれました。また、

写真25　軽井沢における女子バレー部合宿　若かりしころ、魔女のたまごの練習風景。

軽井沢の合宿では、顧問だった大山巌先生が連れてこられていた五歳の息子のタクちゃんに「とし、とし」と慕われ、いつも彼がコバンザメのように私にまとわりついていました。その彼は今健在でしょうか。クラスの数少ない女子の内五人がバレーボール部に入っていましたので、仲が良く幅を利かせていたものです。バレーボールの関東大会で勝ち進んだこともありました。その後の東京オリンピックで優勝した女子バレーの〝東洋の魔女〟をもじって通称「五人の魔女」と呼んで、今でも親しくしています。甘く懐かしい青春の一コマです。

一方、秋の高校の学園祭「記念祭」は学校を挙げて、先生や卒業した先輩たちも一緒に参加して行われました。その学園祭の圧巻は広い校庭の中央で焚《た》かれるファイアーでした。秋の夜空にうねるファイアーの炎を囲み、教師、先輩、在校生のみんなが肩を組み、寮歌や抵抗歌などを歌い上げました。そこでは、個人は昇華されて集《つど》う人々が一つの魂の塊になったのです。身の内から湧《わ》き出るその熱いエネルギーに身震いさえ感じたものでした。

さらに、生徒会が「六〇年安保闘争」のデモに参加することを決議し、授業放棄して国会前に集合したこともありました。当時はそれを教師が認めていたのです。そのときの生徒会長（久米宏氏）は、つい最近までテレビのニュースキャスターとして活躍していました。こうして担任の先生はじめ、どの先生方も「自分で考えて行動する」ことを言外に教えてくれたのです。

この自由闊達な校風の中で、ものの見方、考え方、生き方が育《はぐく》まれ、自分の内面が解放されていったのです。それまでの私を打ち砕いてしまったかのような高校生活の三年間でした。

2. 結婚

2—1 夫は理論物理学者

私が国立予研の抗生物質部で仕事にのめり込んで、日夜実験に熱中しているときでした。父の郷里の縁者であった理論物理学者と知り合う機会がありました。

彼は、東京大学原子核研究所(注1)（現、国立研究開発法人高エネルギー加速器研究機構）に勤務して、宇宙から降ってくる宇宙線を利用して原子核の構造を探る研究をしていました。彼の話の中ではいつも素粒子（物質を構成する最小の粒子）、中性子（原子核を構成する無電荷の粒子）、ニュートリノ（電子の仲間である粒子のうち荷電のないもの、宇宙で光の次に多く飛び交っているが反応性が低い粒子）という物理用語が飛びかっていました。それらは極めてアカデミックな研究であることだけは理解できましたが、泥臭い仕事をしていた当時の私には、それはハイレベル過ぎて雲の上の話でしかなかったのです。

彼は物理学者らしく、生活の考え方も形にとらわれず革新的でした。そして、いつも熱くサイエンスを語っていて、周りに紙があれば、それに数式ばかり書いていました。まるでいつも夢を追い掛けているような人でしたが、私には少女のころからの友だちのように思えました。多くの女性が夢見るような結婚への想いが希薄だった私には、その一点で自分には合っているかもしれないと思ったのです。そして、考えたすえに共に歩むことに決めたのです。彼と私の両親が同郷であったこともこの決意の大きな要因になりました。そして、一九六八年の結婚から現在に至るまで、文字通り苦楽を共にすることになったのです。

姓が変わることの戸惑い

育った環境が異なる人と結婚するということは、お互いにその人を支えたいという人間的な優しい気持ちと価値観が同じであることが重要です。女性にとって精神的には自分にないものを持っている男性は、完璧《かんぺき》でなくても頼もしく感じるものです。要は「夫婦」というのは、形式はどうあれ、相互補完することです。当時、私は「結婚する」ということはそのようなものだと考えていました。

そして、通常、婚姻届を出すことにより女性側は夫の姓に変わります。私は姓が変わるということに何も疑問を感じていませんでしたし、当然のことと思っていました。ところが、私がそうであったように、結婚前後で職場が変わらない場合、同じ人なのに結婚を境にまったく別の姓に変わることになるわけです。

研究論文の著者名は姓が変わると別人になるため、女性研究者の多くは旧姓と新姓を連名にしています。職場では、ほとんどの人がずっと私を旧姓で呼んでいました。たまに新しい姓で呼んでくれる人がいると、今度は私の方が驚いて即座に返事ができなかったのです。このように、姓が変わることは周囲の戸惑いと自分自身の戸惑いで、長い間ギクシャクしたものです。たかが姓の変更なのですが、この戸惑いはとても大きいものでした。

しかしながら、新しい環境と子どもの誕生が自然にこれを解消してくれました。こんなところにも子どもは影響を与えるのです。このような変化の積み重ねにより、女性は強くしなやかに変身するのでしょう。

お互いの仕事

家庭では、子どもたちの世話にほとんどの時間をとられて、お互いの仕事のことを話す余裕もなく、ほとんどけんかをすることもありませんでした。お互いの仕事は、自主独立で進んでいました。従って、彼の仕事の研究分野について大枠は理解していたものの、長い間、詳細を知らないで過ごしてきました。

ところが、二〇〇二年に物理学者の小柴昌俊《こしばまさとし》先生が、ノーベル物理学賞を受賞されたとき、初めて夫の研究を理解しなければならないと思いました。小柴先生は、自ら設計を指導・監督したカミオカンデによって史上初めて自然に発生したニュートリノの観測に成功したことが評価されノーベル賞を授与されたのです。夫は、かつて小柴先生の研究室で助手として仕事をしていたのです。夫はその後、東京大学原子核研究所へ移ってしまったのですが、旧知の師である小柴先生にノーベル賞講演をお願いすることになり、当時、夫が奉職していた宇都宮大学へ先生をお招きしたのです。

そのことをきっかけにして、私はあまりの無知さ加減を恥じて、ひそかに勉強をしたのでした。そして、自宅の居間の壁にかけてある、引き伸ばしたチベットのポタラ宮の写真や絵画、時々耳にしたスーパーカミオカンデ（Super-Kamiokande）、富士山、乗鞍《のりくら》、チョモランマ、チベットの本当の意味を理解し、しょっちゅう登山に出掛けていた彼の研究の忙しさが理解できたのです。ちなみに、スーパーカミオカンデというのは、東京大学宇宙線研究所によって岐阜県飛騨《ひだ》市神岡町の旧神岡鉱山内に建設された高性能のニュートリノ検出装置のことです。

2―2　最初の苦難――多剤耐性大腸菌の感染

感染症に負ける

最初の苦難は、私が国立予研で扱っていた多剤耐性大腸菌（複数の抗生物質に効かなくなった菌）に感染してしまったことです。結婚して数カ月後のことです。発端は実験室の机で仕事をしながら、横に座っていた生物グループの先生と話をしていたときでした。何となく頭がもうろうとして、腰のあたりが妙にだるく腰が抜けたようになって、どうしても椅子から立ち上がれないのです。

「明間さん、私ね、なんか体が変なのよ」

「どれ、熱かなぁ」彼は医師でした。やがて、津波のように波状的な強い悪寒が押し寄せてきました。私は我慢ができなくなって机に突っ伏してしまったのです。

「すごい熱だ。チアノーゼが出ている」と、遠くから聞こえたようでしたが、その後は意識が混濁して何も分からなくなってしまったのです。

後日退院してから聞いたところによると、パトカーが先導して物々しく病院に運ばれたそうです。気がついたときは病院のベッドで解熱剤と抗生剤の点滴処置をされていました。頭が割れるように痛かったことを憶《おぼ》えています。国立予研では悪性のウイルス感染を疑ったようですが、診断は多剤耐性菌による急性腎盂腎炎《じんうじんえん》でした。耐性菌に負けたのです。耐性菌のしくみを探っているその場所で、その菌に襲われるとは迂闊《うかつ》でした。菌の取り扱いや無菌操作は十分にマスターしているはずだったので、どこからどのように体に入ったのか不明でした。母がすぐに病院へ飛んできて、出張中の夫に連絡を取ってくれました。

患った急性腎盂腎炎は、一カ月の入院治療により退院できたものの、耐性菌を完全に退治することができず、免疫力が下がると再発を繰り返しました。幸い、ウイントマイロン（ナリジクス酸）

という薬剤がこの耐性菌によく効きました。休日に高熱と悪寒が来ると、夫は薬局を駆けずり回ってウイントマイロンを買い求めてきてくれました。その後も、数年にわたってこの抗生剤のお世話になることになるのです。自分の体のどこかに巣食う耐性菌と闘いながら、抗生物質を産生する放線菌の遺伝学のとりこになり、気持ちだけは、共に働く職業婦人であり続けたいと思っていました。

3. 出産

3―1　母になった日々

授かった命

結婚後二年ほどして、思いがけなく新しい命が授かりました。私の体は薬漬けになっていましたから、子どもは大丈夫なのだろうか、無事に産めるのだろうか、仕事はどうするのか、いろんな不安が一挙に覆いかぶさってきました。しかも、論文を読んでも頭に入らないし、データを解析する力も根気もなくなり、注意力も散漫になり、非常に頭が悪くなったと思い悩んだのです。しかしながら、巧妙な人体の摩訶《まか》不思議、常に体全体に漂う気だるい眠気が数々の惑いを覆い隠して、新しい命はすくすく育っていったのです。そして、育ってきた新しい命は内側からお腹が歪《ゆが》むほど蹴《け》っ飛ばして、さらに私の思考を妨げたのです。こっちを向いてよと注意を促すかのように。

この正体が二種類の女性ホルモン、エストロゲン(注2)とプロゲステロン(注3)の仕業であることを実感できたのは、後に二人目の子どもを授かってからのことです。このような母体と新しい命の対話は、時代を超えて母となる多くの女性のドラマとなっていることでしょう。私にとっても、このことは今後の生き方を抜本的に変えて行くことになるのです。生まれ出る生命を前に理屈など通用せず、如何《いかん》せんどうにもならないのです。そのとき、私はあらゆることに目をつぶることにしました。そうだ後で考えよう、今はじっと我慢して死んだ振りをしようと。

わが子から与えられるもの

数々の心配をよそに、子どもは機が熟すると母親の胎内から外界に飛び出してきます。一つの生理現象と言われればそれまでですが、多細胞体から「個」としての始まりの瞬間はいつでも感動的です。

当時は産前産後六週間の休暇が与えられました。産後の初めの一カ月は、伝える手段を持たない未熟な児と新米母親との意思疎通を図るための格闘の日々になります。この格闘の鍵は「相手をよく見ること」です。一カ月、三カ月、六カ月、一二カ月の節目には子どもが何を要求しているのかだんだん分かるようになるのです。相手（対象）をよく見ること、これは研究のための実験とまったく同じです。そして次第に、子どもの成長と自身の成長とがお互いを必要とする深い関係を築いていくのです。これが母性であり、子を産むということにより与えられます。母性は本能的に身を挺《てい》して子を守るものであることを実感しました。

産休が終わりに近づくと、現実の問題が差し迫ってきます。これから先どうしたらいいのか？相手は生きていて、待ったなしで自分を必要としているのです。わが子は自分の一部でもあり、そのつぶらな瞳は無心に母親を追い掛けます。豊かにあり余る母乳は、授乳に使わない片方から溢《あふ》れて床に知らない間に大きな地図を描いていました。

そんなとき、先輩の女性研究者たちが自宅に訪れて、親身になってさまざまな提案をしてくれました。しかしながら、どんなに素晴らしいことを言われても生活するのは自分なのです。自分が道を選んでいかなければならないのです。

そんな私に一石を投じたのは、なんと夫の母親である姑《しゅうとめ》の一言でした。信州から手伝いに来てくれていた姑が先輩女性たちの話に加わって、「女も働いた方がいいだに」と信州弁で相槌《あいづち》を打ったのです。明治生まれの姑は、信州の養蚕農家の生糸作りの名人であったと聞いていました。姑のその一言にその場にいた誰もが驚き、その考え方の合理性に圧倒されてしまいました。その一言は私の生き方を決定しました。残念ながら、男性である夫には、私の母性と研究者としてのゆらぎは理解してもらえそうもありませんでした。

産休明け

当時は、出産のための休業「産休」は、産前（出産予定日から前六週間）と産後（分娩《ぶんべん》日翌日から後六週間）を合わせて一二週間が労働基準法で認められているだけで、育児休業「育休」という制度はなかったのです。それに出産日というのはあくまで予定日であり、出産日が予定日を過ぎた場合は、出産日までは産前休業として認められます。早産した場合は、産前休業が短くなり、産後は分娩した日が基準となる制度でした。この制度により少なくとも産後一カ月半は子どもと一緒の生活をすることができたのです。その実態は、わが子と楽しむ生活というより乳児と格闘する日々であったのですが。

仕事に復帰した私の生活はこれまでと一変しました。しかし、仕事はこれまでと変わらぬ分析力と緻密《ちみつ》さを求めてくるのです。何事もこれまでと同じペースで進めなければなりません。子どもとセットになった一人の人間がこの仕事をこなすわけです。他の人と同じようでは、研究はやって行けない。どうすればよいか、私はいつも時間の使い方を考えざるを得ませんでした。

産休明けの初期は、あり余る母乳が行き場を失い、仕事の間中、鉛を打ち込まれたように胸が固く張り痛みと熱を帯びていました。トイレに駆け込んでは、痛む乳房から母乳を絞ったのです。それでも絞りきれずに白衣の下の洋服を濡《ぬ》らしました。もちろん洋服の下に挟んであったタオルはもれ出る母乳でびしょ濡れでした。こういう状態が母体に良いはずはなく、よく乳腺炎を起こして発熱しました。

しかし、自然の摂理はうまくできています。夜の授乳と子どもの成長がこの状況を解決してくれたのです。お乳を与える回数が減ると、それに伴って母乳も細くなっていきます。母親のハチャメチャな状況が継続するものではないことを自分の体が覚えていきました。子どもは標準より大きな男の子で、すぐに母乳では足りなくなり、ミルクを補うことにしました。とにもかくにも「子どもは育つ」のです。

3—2　在宅保育ママ、斎藤康子さんとの出会い

在宅保育ママ

長男が生まれた一九六九年に、私たち家族は、武蔵村山市《むさしむらやま》（旧東京都北多摩郡村山町）にある関東財務局の大きな公務員住宅の最北棟の一角に居を構えました。この官舎は、新青梅街道沿いの広大な雑木林を伐採して建てられた二〇棟もの大きな団地だったのです。このような住宅には各種の公職にある家族が住んでいて、しっかりした自治会組織がありました。私は近隣の人を介して、この公務員住宅在住の保母（現、保育士）の資格を有する家庭（在宅保育ママ）を紹介してもらったのです。巡り会ったのが斎藤康子さんでした。

斎藤さんは北海道札幌出身で、幼少時にご両親を亡くし母親代わりになって妹さんを育てたという逞《たくま》しく心暖かい苦労人でした。斎藤さんの子どもへの対応の仕方や遊ばせ方は、相手の要求に沿うように巧みなものであり、確かなプロの保育士でした。私は彼女から新しい育児の原型を学んだのです。伴侶《はんりょ》の斎藤衛氏は、国立天文台に勤務しておられました。私は面談のすえ、彼女に昼間の長男の保育を託すことに決めて、目黒の国立予研に通うことにしたのです。

幸いなことに、長男は健康に恵まれ、昼間は斎藤宅で斎藤さんの二人のお子さん、私の長男より

四歳年長の女の子と二歳違いの男の子と、三人姉弟のように楽しく育つことができました。男の子はいつもジャレあって長男を弟のように可愛《かわい》がってくれました。斎藤夫人のおかげです。

あれから四〇年余りが経ち、長男は二人の子どもの父親となり、消化器外科医師として活躍しています。もう四十路《よそじ》の半ばを迎えた息子の家族共々、彼女は今でも私たち家族の大切な人になっています。彼女こそ母親のお手本であり、子どもを通じて私の母としての道に大きく影響を与えてくれた人です。実に「一期一会」というのは、こういう人との出会いをいうのだと実感したものです。

社会人から母に戻る至福のとき

住んでいた武蔵村山市というのは東京都内北部にある町ですが、武蔵野の関東ローム層の平野にありました。当時、春先には強い北風が住宅近隣にあったローム層の畑の砂を舞い上げ、砂嵐となって通行人に襲いかかっていました。勤務を終えた夕方、その砂嵐の中を、長男をおんぶしてねんねこばんてん(注4)を幅広の襟を立て目深に着て、一九号棟の斎藤宅から五号棟の自宅まで歩くのが春先の日課でした。子どもは暖かい母の背中で安心して、すぐに寝息を立てました。そのぬくもりは、背中のどっしりとした重さも気にならず、社会人から母に戻る幸せなひと時をくれたのです。

夫の結核療養

こうして母となった私と子どもの二人三脚の生活が定着していきました。東京の田無《たなし》市にあった東京大学原子核研究所に勤務していた夫の日常は、どの時代でも若手研究者がそうであるように、非常に忙しくほとんど毎日が夜中の帰宅でした。そして、時々、宇宙線実験のために、富士山麓《ふじさんろく》、乗鞍、チベットなどへ出掛けて行ってはいつも計算ばかりしていました。

そんな彼もまた、結核菌に負けて、半年ほど自宅療養することになったのです。学生時代にかかった結核性肋膜炎《ろくまくえん》の再発でした。このときはさすがに驚きました。かつて、生まれてすぐに結核の母親から離されて、私の母が育てた従妹《いとこ》を思ったものです。幸い、開放性の結核ではなかったので自宅療養でかまわないとのことでした。どんなに胸をなで下ろしたことでしょう。しかし、医師に相談し、長男はワクチン接種により事なきを得たものの、ここでさらなる生活の再編成が必要になったのです。

在宅療養の夫は私と子どもを送り出した後、洗濯や掃除など家事をしておいてくれました。夕方には、帰ってくる私たち母子を夫が迎えてくれるのです。私は子どもを斎藤夫人に預けて、淡々と仕事を続けていました。そのときも、あるがままを受け入れ、すべてが生活の一部になったのです。

こうした中でも、長男は天賦の愛らしい笑顔を持ってすくすくと育っていきました。妙に静かだと思ったら、キッチンのシンクを開けて入っている油を全部まいてお味噌をこねて、にっこり笑いかける彼。あるときは、氷で冷やしたソーメンのザルを座卓にまいて、両手でバシャバシャ広げて悦に入っている彼。あの笑顔は体中に滲《し》み通るような至福を私に与えてくれました。この至福こそが母になるということなのだと実感したのです。

母は強し

研究者を目指した私でしたが、授かった命は当たり前のように受け入れ、大事に育てたいと思いました。子を産むことを通して、それまで持っていた感情も恥も外聞もすべての枠が壊れて、何も怖いことがなくなるのです。まったく見通しはなかったのですが、当面のことを切り拓《ひら》きながら、工夫して何とか研究を続けなければならない、ということしか考えなかったのです。何とかなる、やるしかない、案ずるより産むが易し、まさにその言葉通りです。それは、新しい命を生み出すという厳粛な自然の摂理を経験した女性特有の感情なのでしょう。これこそ「母は強し」と言われるゆえんなのです。

4. 育児

4―1 研究者と母と妻の狭間《はざま》で――母性のゆらぎ

私はその後、相次いでさらに二人の男の子に恵まれました。当然のことながら、私は研究者としての側面のほかに三人の息子たちの母であり妻でもありました。特に生命科学の研究は、実験室に出なければ仕事にならないのです。しかも子どもたちは母親を必要としていました。この相反する状況から、母と研究者の狭間で、子どもたちが独立するまで「母性と研究者の揺らぎ」の戦いが続きました。しかしながら、子どもの成長は、うれしかった思い出だけを残して、闘いの苦労を消しゴムのように消してくれるのです。〝のど元過ぎれば熱さを忘れる〟という言葉通りです。

女性科学者、キュリー夫人が与える力

仕事にのめり込むほど、子どもたちに対して「これでいいのか」という罪悪感に苛《さいな》まれました。これは自分で対処するしかない苦しい課題です。母性は本能であり、研究は人の精神面の営みであるからです。しかも、人によって家族構成や生活条件が違うので模範解答がないのです。「状況を判断して、そのとき一番良い対応策を考える」しかないのです。この母性の揺らぎは、夫であっても男性には理解できないのです。そのとき、私が最も心配であったことは次の三つのこと、子どもたちはまともに育つのか、母親としての資格はあるのか、研究者に向いているのかでした。母親が子どもを育てながら仕事をするための社会的な条件やモラルが十分に育っていない時代のことです。

しかも、夫は相変わらず忙しく、日本と海外を行ったり来たりの生活でまったく当てにならなかったのです。もちろん、夫は海外に出ていることが多かったのですが、家庭にいるときは、非常にマメで細かく、時間があれば料理を除いて家事は何でもやりました。男の仕事、女の仕事というとらえ方をしない人でした。だから、小学校に上がった末っ子が社会科の時間に「お父さんの仕事」という授業で手を上げて「お洗濯」と言ってみんなに笑われたと話したことがありました。

「それで先生は何て言ったの？」と聞いたところ、

「太田くんのお母さんはお仕事しているからね」とフォローしてくれたそうです。

「いい先生で良かったね」と、私は先生の対応に心から感謝しました。しかし、子どもの答えは正しかったのです。男ばかりの家庭では、食事と洗濯が何よりも大切な「仕事」だったからです。このような家庭で育ったことが幸いしたのか、成人した三人の息子たちはどの子も家事をすることにまったくためらいがありません。

私は苦しくなるといつも『キュリー夫人伝』を読みました。彼女は苦しい条件を乗り越え、子どもを育てながら実験科学者として、数々の発見をしてノーベル賞に輝いたポーランド人です。もちろん、天才と凡人では比較にならないのですが、この女性科学者である先人は、時代や人種や分野を超えて何よりも強い力を与えてくれたのです。

一番先に寝てしまう母

私は、子どもたちに母の愛情を注ぐにはどうしたらよいか必死で考えました。「共働きのお母さんは短時間でもスキンシップで濃密な愛情を注いでいる」そんな言葉をどこかで読んだことがあります。しかし、それは嘘《うそ》です。少なくともフル稼働で実験をして帰る私には、待ち構えている三人の子どもたちの食事とお風呂の世話が精いっぱいで、じっくり接するエネルギーなんて残されていなかったのです。それでも不憫《ふびん》に思う母親は、布団の中では両脇に長男と次男をくっつけ、一番軽い三男を自分の体の上に乗せて、毎晩読み聞かせをしていたのです。「読んで。読んで」とせがむ幼子を寝かしつけながら読み聞かせを続けました。布団の中での読み聞かせとその日の保育園の話を聞きながら、いつも一番先に寝てしまう母でした。また、戦時中の動物園で、食べ物を与えずに餓死させることでゾウを始末しようとした飼育員の悲しい話『かわいそうなぞう』（土家由岐雄著金の星社）は、胸が詰まって読み続けることができなくなったのです。そんな母を気遣って寄り添ってくれたのは子どもたちでした。

彼らは保育園でたっぷりとお昼寝をしてくるため、遅くまでエネルギーに満ち溢れていたのです。六歳の卒園を迎えるまで保育士さんたちの献身的な保育と、一生懸命な母親に守られて、子どもたちは成長しました。保育園の保育士さんがまとめてくれた彼らそれぞれの作品集にその成長の足跡を残しています。それは何ものにも替え難い私の最も大切な宝物です。

4―2　子どもの成長

小学生になると、子どもの一日の生活時間の多くは学校という大きな集団に移ります。学校は担任の先生の指導の下で、多様な家庭環境で育った子どもたちと一緒に学び、生活を共にすることになります。従って、この六年間は人とのつながりの中で、社会で生きる術《すべ》の基盤を学び新たな個性が育《はぐく》まれるのです。その例にもれず、私の子どもたちもまぎれもなく質的な成長を遂げていきました。男の子に母の支援が必須《ひっす》なのは小学校～中学生までです。高校生になるとそれぞれの個性が育ち、健康である限り心配がなくなります。

小・中・高校生の子どもたちを一言で言うならば、小学生は「何よりもママが大事」、中学生は「僕は僕なのさ」、高校生は「腹減ったよ〜、めし」です。ここで、手元に残された「お便りノート」から子どもたちの様子を垣間見《かいまみ》てみましょう。

「お便りノート」は母と子の命綱

学校へ行くときは、住宅の鍵をそれぞれの子どもに持たせて登校させました。いわゆる「鍵っ子」です。当時の人々は誰もが良識のある人間性を持っていて、昨今のように子どもが犠牲となるような非人間的な事件はありませんでした。しかしながら、学校から帰ってきても「お帰り」と迎える母がいないことに心を痛めた私は、母と子の「お便りノート」を作って子どもたちの気持ちを支えようと考えました。三人の子どもたちにそれぞれ簡単な言葉を「お便りノート」に書き残して仕事に出ました。長く書くこともあり、短いときもありましたが毎日必ず書きました。子どもから何か書いてくれることはなかったのですが、必ず読んでいるようでした。たまに書き忘れると、今日は何も書いてなかったよと催促されましたから、その「お便りノート」は母と子の命綱になっていたのです。残されているノートの数は十数冊に及びました。

ママが一番大切

こんなこともありました。小学一年生になった次男の話です。私が風邪で発熱して寝込んだときでした。子どもを学校へ送り出してしばらくしたら「ただいま」という声に驚いて玄関に飛び出していくと、「ママが病気だから先生に言って帰ってきたんだ。パパがいないし」というのです。病気の母を看るため早退してきた次男の気持ちに、うれしさと可笑《おか》しさがないまぜになって抱きしめたものです。このほかにも、黙って手を出して重い荷物を持ってくれようとする長男、忙しいママをかばって自分で繕いものをする三男、数え上げればきりがありません。子どもたちの優しさに心で泣いていたママでした。

遊びの天才

その次男は遊びの天才でもありました。学校ではベーゴマやメンコを流行《はや》らせて先生を困らせ、学校から帰ると釣りにはまり、自宅近傍にある野山を走り回ったのです。その彼は音感が良く、物づくりの能力に長《た》けていました。ピアノを弾かせれば発表会には素晴らしいタッチでトルコ行進曲を弾きました。残念ながら、学年が上がるとピアノはやめてしまいました。また、楽器やツリの毛バリを作らせれば玄人はだしの物を作りました。彼の部屋の中は楽器、音響のサウンドミキサーやコード類が所狭しと置かれており、いろいろな種類の工具類や接着剤などが本箱を占拠していました。室内はさながら製作所の工場のようでした。

彼はその後、音響学を学んで音響の会社へ入社しました。一方で、フィッシャーマンとして競技者の資格も取って、釣り道具のアドバイザーという二足のわらじを履いて社会人として活躍しているのです。

「いい旅チャレンジ20、000㎞」

サッカー少年であった長男は、小学生のときにサッカーの試合中にゴールポストに激突して膝《ひざ》の半月板を痛めてしまいました。中学生のときは、このことが原因で激しい運動をすると膝に水（関節液）がたまり、炎症を起こすようになりました。その後も高校生までこの関節水症に苦しめられることになったのです。学校の運動会や遠足では、彼は苦しい思い出しかなかったに違いありません。家の中でも杖をついて生活していたのです。しかし、彼は新しい楽しみを見いだしていました。国鉄の「いい旅チャレンジ20、000㎞」です。

今のJRは、当時は国有鉄道であり国鉄と呼んでいました。「いい旅チャレンジ20、000㎞」は、国鉄の赤字解消のために一九八〇年に企画され一〇年間行われました。日本全国の鉄道二四二線区あったローカル線の始発駅と終着駅の駅名を書いてある立て看板を背景に写した本人の写真を国鉄に送り、各路線の距離を合計して二万キロを踏破しようというものです。これは、鉄道ファンの子どもにとってはかなり魅力のある企画でした。彼は鉄道の本を買い込んで、駅名を片端から覚えました。そして、学校が休みになると、リュックをしょって杖を片手に自分のお小遣いで「いい旅チャレンジ20、000㎞」の旅に出掛けました。その姿は官舎の窓から丸見えで、口さがない近所の主婦の雑音が聞こえてきたものです。しかし、私はその彼の楽しみを奪うことはできなかったのです。むしろ、「頑張れ」と手を叩いて応援したいくらいでした。踏破した距離が一万キロとなったところで、国鉄の民営化が進められることになり、その企画に終止符が打たれました。国鉄からは立派なケース入りの「駅長の帽子」のミニチュアが贈られてきました。

その間、彼の膝は完治することがないままで、関節の液漏れと吸引による処置を繰り返しました。しかし、ついに高校生のときに骨膜炎を起こし、入院して膝の手術を受けることになったのです。なんとその手術の最中に、落雷で停電するというハプニングが起きました。そのとき、医師の対応を克明に観察しながら、彼は医師を目指すことに決めたそうです。幸いにも手術とリハビリにより膝は回復し、入学した医学部では、サッカー部のキャプテンとして活躍したのです。今では自分の子どもとサッカーを楽しみながら、消化器外科部長の職責を担っています。

自転車の旅と自立

次は末っ子の三男の話です。彼は小学校四年生から喘息《ぜんそく》の発作に苦しみ、特に秋口からは学校へは半分ぐらいしか行けなかったのです。当然、クラスの中では〝お客さん〟でした。発作が間遠になった中学生になった夏、一念発起して自身の心の垣根を超え自立したのです。自転車で独り宇都宮から横浜の私の実家に旅立ったのです。

「横浜のお爺ちゃんちへ自転車で行きたい」

と言ってきたときは本当に驚いてしまいました。

「お爺ちゃんの家まで一五〇キロもあるのよ。無理に決まっているじゃない」

親としては当然大反対をしました。宇都宮から横浜までの幹線道路は長距離トラックが疾走しており、子どもが自転車で走れる道ではないのです。しかし、彼の決意は固く揺るぎませんでした。そこで、途中の浦和で宿泊すること、要所、要所から親に電話を入れることを条件に、私はその無謀な計画を許可したのでした。許可はしたものの、決行当日は、道中の息子の安否に気をもんで仕事にならなかったのです。携帯電話などなかった時代のことです。

最初のゴールの浦和の宿から、そして、次のゴールの横浜の実家の父から「着いたぞ！」という電話が来たときには、無神論者である私も、あらゆる神々に心から感謝したものです。帰りのコースでは、心配した父が、第二京浜から東北方面に入る道の岐路まで自転車で送ってくれたそうです。途中、彼は自転車がパンクしたり、トラックに接触しそうになったりして、ついに一日をかけて自宅にたどり着いたのでした。

「ただいまぁ。ああ、怖かった」

日焼けして汗だくでわが子が戻ってきました。その顔は深い達成感により満足げで、顔つきまで変わったように私には思えました。私は心の中でつぶやいたのです。「よかったねぇ。何でもやればできるじゃない」。私は、何も言わずに受け止めてくれた実家の両親の深い愛にあらためて感謝しました。

この後、彼は急速に変わっていったのです。自信がついた彼は独学で勉強を始めました。そして、出席日数が足りなくて県立高校の受験許可を得るのに難航しましたが、周囲の心配をよそに簡単に県立高校の受験の難関を突破したのです。高校では、常にトップクラスに名を連ねて大阪大学に現役入学を果たしたのです。彼が喘息の発作で学校へ行けなかった時期に数学塾を経営していた若者と親しくなり、彼の家に入り浸って「数の楽しさ」を身につけて、中学生で『零の発見——数学の生い立ち』（吉田洋一著　岩波新書）という本を読んでいました。こんな形で遊びの中で数学を究めた彼は、受験した大学はすべて合格し、国立の大阪大学を選んで近代経済学を目指したのです。そして今は、証券マンとして東奔西走しています。

このように私は、「それぞれの個性」を持つ思春期の子らには何も言わずにしっかり受け止めることが大切であることを学んだのです。

エンゲル係数一二〇％

三人の息子たちが中学生と高校生になったときは、毎週末にひき肉を数キロ単位で買い込み、「三〇個のハンバーグと一〇〇個の餃子《ギョーザ》」を作って冷凍庫にストックしました。食べさせることがすべてであった時期です。お米の消費量五〇キログラム／月。エンゲル係数一二〇％。大型冷凍冷蔵庫に業務用の洗濯機を導入して、日常生活を回転させていました。学生用の白い靴下はダースで購入して洗濯のスペアをしのぎました。そのころは、母と子で連携して「衣食住」を切り回したと言っても過言ではありません。子どもたちがうまく母を支えてくれたと言うべきでしょう。

4―3　子どもから与えられたもの――母の工夫

一日の絶対時間が足りない。でも前に進まなければならない。こんなときはどうしたらよいでしょうか。私は、その時その時をただ一生懸命に走りながら考えたものです。私の出した答えは次の三つのことでした。第一は何よりもみんなの健康を守り、愛情を注ぐこと、第二は決して人と比較しないこと、第三は何事も工夫すること、です。これらはあらゆることに通じています。この経験から次世代の方々に自信を持って伝えることができます。「どんなに行き詰まったときでも、必ず解決の道はあるはずである」ということを。ここで、子育て中の忘れ得ぬ苦肉の策を紹介しましょう。

自分のことは自分で

私は子どもたちに自分のことは自分で責任を持ってするようにしつけました。タンスの引き出しには何が入っているか分かるようにラベルを付けたのです。家の中は家族みんなが分かるようになっていました。夫も子どもも自然に私がいなくても身の回りのことは自分でできるようになりました。末っ子は教えなくてもお兄ちゃんたちをまねて何でも自分でやったのです。ある日のこと、洗濯物の中に白靴下に赤糸が縫いつけてあるのを見つけました。「これどうしたの？」と問い掛ける母に小学生の末っ子が言ったのです。

「穴が開いちゃったから、僕がやったんだよ」

「どうしてママに言わないの」

「だって、ママ忙しそうだったんだもん」

「そうだったの。上手にできたね。替えの靴下を入れ忘れたママが悪かったね。ごめんね」

彼なりに工夫したのです。私は白靴下を赤糸で繕うわが子の姿を思い、胸が詰まって思わず抱きしめて泣けてしまいました。

車中の脱染色

多忙な日常の中で、自分の時間を捻出《ねんしゅつ》するためにお手のものの実験技術も活用しました。

第1章で述べたように、タンパク質の分子は、ＳＤＳ(Sodium dodecyl sulfate) アクリルアミドゲル電気泳動法 (SDS-PAGE) で可視化して見ることができます。これは、目的タンパク質の高次構造をＳＤＳで変性し分子量の違いにより分離する手法です。操作が簡便で再現性が高く、タンパク質の研究ではSDS-PAGEは最もよく用いられています (42ページ、コラム6参照)。

その泳動後のゲルをクマシー・ブリリアント・ブルーという色素溶液で染色すると、ゲル中のタンパク質分子のバンドのみが染まり、余分な色素はメタノール酢酸溶液中で脱色すると、タンパク質分子の分離パターンを見ることができます。脱色には、ゲルをメタノール酢酸溶液入りタッパー中でキムワイプ紙とともにゆっくり振盪《しんとう》し、メタノール酢酸溶液中にゲルから溶け出した色素がキムワイプ紙に吸着されて、三〇〜四〇分後にはゲル中の染色されたタンパク質のバンドが見えます。

宇都宮市若草町の官舎に住んでいたころの私は、四〇分かけて車で自治医大へ通勤していました。実験後のゲルを脱染色液入りのタッパーに入れて車に乗せれば、保育園に子どもたちを迎えて帰宅するころには結果を見ることができたのです。自動車を振盪器の代わりにしたのです。車に乗せたタッパーはしっかり密閉したつもりでしたが、子どもたちには車中にただよう酸の臭《にお》いが「臭い、臭い」と不評でした。このようにして私は時間を捻出したのです。

綿密な計画

勤務していた自治医大では、基礎系の実験室はどの部屋も非常に広いスペースでした。私が実験していた生物学の実験室も広い二部屋があり、しかも広いのに実験をする人は私を含めて二人だけでした。一緒に実験をしていた講師の先生が海外に留学されてからは、自治医大三階のだだっ広い実験室を一人で使い、ほとんど一日中、自由に実験をしていました。

そして、セミナー当番のときにその経過や結果を発表しなければならないので、実験のために綿密な計画を立て、自分が使える時間とあらゆる可能性を考えて準備をしました。不慮の出来事を考えて常に先を読んで、早くからその準備を始める習慣をつけたのです。面白いことに、この習慣は仕事と育児を両立させるために自然に身についていくのです。これは小さい子どもを持つ母親に最も重要なことでもあります。

真夜中は自分の時間

子どもを寝かしつけた真夜中は貴重な自分の時間です。夫は海外に出張することが多く、ほとんどが母子家庭のようなものだったので、母と子のペースで日常生活が成り立っていました。だから、私はみんなが寝てから真夜中に論文を読んだのです。真夜中は誰にも邪魔されない最もゆったりした時間でした。私にとっては、子どもとの生活も研究も優劣つけ難い存在であり、どちらも自分の一部であったのです。私の頭の中には、常に四つの引き出しがありました。息子たちそれぞれのための三つと仕事のための引き出しです。夜中になると、この四つの箱を開いては整理をしていたのです。しかし、たまに入れ間違うこともありました。そんなときは、子どもたちは「ママはおっちょこなんだから」というだけで笑って許してくれたものです。大らかな明るい子どもたちでした。

子どもたちから与えられた癒《いや》し

子どもたちを育てているときは非常に大変でしたが、当たり前のように必死に育てたのです。振り返ると、その時間はとても愛《いと》おしい癒される時間でした。子どもたちはこの母の気持ちをしっかり受け取ってくれました。私もまた、時間がなくても、どんな形でも、いつも子どもたちに愛情を注ぐことを貫いてきた四〇年でした。日常の生活にはいろいろなことがあり、母親として不十分であったと、いつも自分を責めていましたが、三人の息子たちは心優しく堅実な人間に育ってくれました。一番苦労したことは、子どもたちとのコミュニケーションをどのように取るかということでした。

学校から帰ってきたときに「お帰り」と言ってくれる人がいない寂しさを思うと、今でも切ない気持ちになります。そして、夕方のその時間になると、三人の息子たちがテレビの前で頭を並べて見ている姿が昨日のようにフラッシュバックします。子どもたちが大学生になったとき、「いつもお母さんがいなくてご免ね」という問いに、「楽しかったよ」という答えが返ってきたときはどんなにほっとしたことでしょう。それぞれの息子の子ども（私にとっては孫）たちが同じ年齢を迎えているというのに、幾つになっても私は永遠に母であり続けるのです。

5. 生活

5—1　苦渋の決断

研究者として最初のチャレンジであった国立予研時代のことです。私たち夫婦が二人とも感染症に襲われた背水の陣のときがありました。私はそのころ、時々襲う高熱に悩まされていました。発熱とともに表れる全身性の倦怠感《けんたいかん》と背中から腰にかけての鈍い痛みに苦しんだのです。

腎盂腎炎の再発でした。その都度、医師の指示通り抗生物質を飲み、日常は水分を多く摂るようにしました。しかし、どんなに努力してもこの感染症を完治することはできず、腎盂腎炎の後遺症である膀胱炎の再発を繰り返しました。おかげで発熱の前触れが自分でも分かるようになったくらいです。要は自分の免疫力が低下すると発熱するのです。薬剤耐性大腸菌の嚢《ふくろ》がどこかに出来ているというのがそのときの医師の説明でした。耐性菌の研究にかかわっていて、その菌との闘いに悩むなんて思いもしませんでした。このことは、私の気力をそぎ、仕事ばかりでなく生活の自信をも失わせました。耐性菌に勝てないかもしれないという思いが頭をよぎることもありました。

一方、夫は結核が再発したのです。彼は東大から宇都宮大学への転職が決まり、宇都宮への単身赴任生活が始まりました。彼の生活は相変わらず忙しく、東京、富士山、野辺山、乗鞍（神岡）、中国、ブラジル、アメリカと国内外を飛び回っていました。そんなとき、夫が結核の精密検査に引っ掛かってしまったのです。

家庭生活には、仕事、育児、夫の健康、自分の健康、どれもが密接に絡んでいます。生活を考え直さなければなりません。私は悩みぬいたすえに宇都宮へ引っ越そうと苦渋の決断をしました。今から四三年前の一九七二年のことでした。やむなく、私は多くの勉強をさせてもらった国立予研を後にしました。

しかしながら、いつの日にか再び研究者への道が開ける時が来るかもしれない、希望は捨てないで待とうと心の底では思っていました。実際その後、自治医大、筑波大、ＪＡＸＡへと新しい道が開けていったのです。人生のさまざまな局面に遭遇して紆余《うよ》曲折《きょくせつ》はあるものの、その後も多くの人々に有形無形に助けられながら、研究者の道をひたむきに走り続けて行くことになるのです。

かつて国立予研時代の若かりしころにかかわった、今は亡き浜田雅先生と岡西昌則先生、今なおご健在な岡見吉郎先生、(注5)浜名康栄先生、古米保先生、新田和男先生、水野左敏先生、小河原宏先生など、多くの方々はお元気で活躍されています。それぞれの先生方から授かったものは、私の中で熟成し次の世代に伝わっているはずです。

5―2　病いと闘う夫への感謝

がんの宣告

筑波大へ赴任してから二年が経過した一九九三年の一一月のことです。私たち夫婦にとって決定的な予期せぬ出来事が起きました。それは筑波の単身住宅に夫からかかってきた一本の電話から始まりました。

「僕もいよいよ年貢の納め時かもしれない」

「それってどういうこと？」

「がんらしいよ」

「どこが？　もう一度分かるように言ってみてよ」

「都合がいい日に奥さんと自治医大へ来てくれって」

夫が言っていることがよく理解できなかったのです。舌足らずでスローな子どもの会話のようでした。これが夫のがんの宣告だったのです。そのときも夫はまったくいつもと変わりなかったので、夫と「がん」が結び付きませんでした。「もう一回聞くけど医者は何て言ったの？」「どこががんなの？」「いつ来てって？」と畳みかけました。落ち着け、落ち着け、医者は家族と話をしたいようでした。私は直感的に、明朝、医師に会わなければいけないことを悟りました。翌朝、自治医大へ向けて車を飛ばしました。皮膚科外来で「お待ちしておりました」という挨拶の言葉で端正な顔立ちをした皮膚科教授が迎えてくれました。そして、そこで医師が知り得るすべてのことを知ったのです。再度、夫とともに伺うことを約束して私はその場を辞したのです。

手術の日

夫のがんは、汗の出るアポクリン腺が原発の乳房外パジェット病(注6)でした。一二月一日に入院が決まり、大学の評議員として仕事をしながら一カ月間の術前バイオプシー検査の後、手術ということになりました。下半身の広範な皮膚の切除とリンパ節の郭清《かくせい》が必要でした。内臓のがんではなかったので、入院といってもどこが悪いのかと思うほど元気な夫でした。狐《きつね》につままれたような毎日でしたが、主治医は「術後が大変ですよ」と繰り返すばかりでした。そのときはその言葉の持つ意味が理解できなかったのですが、お正月を病院で迎えた夫は、一回目の手術からどんどん病人になっていきました。

がん細胞が見つかった点を中心として半径六センチの円上にも新たながん細胞が見つかったため、そこからさらに六センチをプラスした半径一二センチの円に相当する部分の皮膚が切除されるという大掛かりな手術になりました。切除した部分には大腿部《だいたいぶ》や脇腹の皮膚を「自家移植」したのです。

切除部分と自家移植部分を合わせると傷ついた皮膚の面積は相当な広さになりました。「皮膚は臓器である」ことを、身をもって知ることになったのです。

当時はまだ、取り出した自分の皮膚の細胞を体外で増やし、それを再び体内に戻すという「再生医療」の道など考えられない時代でした。この四半世紀の医療技術の進捗《しんちょく》には目を見張るものがあります。

「僕は大丈夫だから、行きなさい」

私は、自宅、病院、大学の三カ所をまたぐ生活が始まりました。多くの大学院生の指導をしていた私は、考えたすえにかつての育児から学んだ「連絡ノート」を学生と交わすことにしたのです。実験の問題点やデータを細かく書く学生、成功した実験しか書かない学生、自分の気持ちを書いてくる学生といろいろでしたが、それにより情報共有ができたのです。

二回目の手術は三月三日のひな祭りの日でした。手術当日が大学院修士課程の修士論文審査会の日と重なってしまいました。そのとき、夫は言ったのです。「僕は大丈夫だから、行きなさい」と。私は後ろ髪を引かれる思いで、付き添いを次男に託して大学へ向かったのです。研究科長には「そんな大変なときに来ることはない」と叱《しか》られました。微生物グループの林教授は、「体力的にもう限界だから大学を辞めたい」と弱音を吐く私を励ましてくださいました。

また、夫は、入院中に院内感染菌ＭＲＳＡに感染して九死に一生を得たこともありました。ある夕方、病棟に行ったとき、扉を開けてその異様な有様に驚きました。薄い寝具の上から夫の体の回りに氷を入れた袋が並べられ、額には大きな氷嚢《ひょうのう》の袋が載せられていました。つまり、体全体を氷で冷やしていたのです。MRSAに感染して解熱剤が効かないと医師は説明してくれました。体温計もすぐにスケールアウトしてしまうとのこと。MRSAを研究材料としていた私は、唯一の治療薬バンコマイシンが効いてくれることを祈りました。夕方になると毎日病室を見舞ってくれて「バンコマイシンがあるから大丈夫ですよ」と慰めてくれた医師がいました。その医師は、なんと自治医大時代に指導した学生でした。彼は医師として病棟に出ていたのです。

また、私が自治医大にいたころ、一緒に仕事をした先生方は私を覚えていてくださり、微に入り細をうがつ援助を申し出てくれました。生化学教室の香川教授は必要があれば先生の秘書さんに頼むように申し出てくれ、かつての共同研究者であった脳神経外科の増沢紀男教授(注7)は図書館への出入りを認めてくれたのです。このように多くの方々の見えない支援を含めて、自治医大全体で夫を助けてくれました。この闘病生活は筆舌に尽くし難いものでしたが、それでも夫は鉄のような精神力で治療に耐えました。

生還と与えられた命

この二度目の手術は、汗の出るアポクリン腺が集まっている両脇の切除でした。そこは、生きている限り常に複雑に動かす部位です。主治医の言葉通り、術後の経緯は見ていられないほど凄惨《せいさん》だったのです。無意識に腕を動かすために患部の皮膚の自家移植はなかなかうまくいかず、患部は開いたままで組織の体液と血液が垂れ流しの状態でした。しかも、病院内の院内感染菌MRSAの感染を恐れて、自宅で対応してほしいとの医師の判断で退院することになったのです。私は患部の処置法の手ほどきを受け、病院へ送り迎えして通院で経過を診ることになりました。

自宅は健康な人が生活する家であり、病院のようなシステムになっていません。そこで、北関東の寒さが残る三月一四日の退院の日に合わせて、自宅の生活システムを改造することにしたのです。まず、室温を制御する性能のいいエアコンを設置、ドライヤー付き洗濯機、柔らかいゆったりした座椅子、トイレ環境および、軽くて柔らかい寝具類、前開きのガーゼの下着や寝間着類、処置用の医療用具などなど、生活の動線を考えて品々を導入しました。そして、家中を掃除・拭き取り・アルコール消毒を行いました。健康人との生活の違いがいかに大きいかを実感したものです。彼の感慨はいかばかりであったでしょうか。「あぁ、僕は生還した」というのが自宅に戻った彼の第一声でした。

そして、彼は数日後に行われる長男の医科大学の卒業式に参加したいというのです。手術で体力も落ちているし、血が流れ出ている動かせない両腕を抱えてどうしようというのか、私は耳を疑いました。しかし、万難を排して彼の望みを叶えてあげたいと思いました。福岡までの飛行機の往復チケットの手配、謝恩会を行うホテルの予約、移動の準備等々、自分自身が人間担架の役割をしました。しかしながら、卒業式が終わり、長男のサポートで福岡周辺を車で回ってもらって帰宅したところ、発熱と下痢で病院へ逆戻りをしたのです。やはり、外界は健康人の生活の場であることを実感したのです。

翌年春、三月の術後検査でがん細胞が見つかり再び入院し、小規模な手術を受けました。その年は寒く四月に入ったのに雪の中で桜が咲いていました。通算三回、一四八日に及ぶ手術後の数年間は、日常生活の毎日が細菌との闘いでした。その闘いは、皮膚が外部環境と接触する最大の臓器であり、その表面は各種の常在菌に覆われているという人体を取り巻く環境によるものであったのです。削除した皮膚と健康な皮膚のつなぎ目はきれいにつながるのですが、そのつなぎ目は平坦《へいたん》にならないのです。このつなぎ目部分に皮膚常在菌が嚢を形成してしばしば悪さをするのです。夫の体力（免疫力）が下がると、この菌嚢《きんのう》に負けて高熱を出すようでした。傷口が落ち着いて忘れかけたころ、突然の高熱がやって来ては病院に駆け込むという日々でした。

しかし、夫は弱音を吐かず、その病態の残酷さにもめげず、淡々と学部長の仕事をしながら、自分の体の運命と四六時中闘ってきたのです。私は夫が発熱すると、筑波、国内学会、海外の、どこに出掛けていても家に飛んで帰りました。「これまで楽しかったよ。いろいろありがとう」と、さすがの夫がつぶやいたのはいつのことだったでしょうか。この戦いは術後十数年間に及んだのです。返す言葉がないまま、障害物競走のような二〇年余りの歳月が流れました。幸いなことに今は、手術の境界線に棲む菌との戦いは和解が成立し、平衡を保っているようです。夫の体の免疫力を維持しながらではあるが、安心して出掛けることができる平穏な日々に感謝しています。

今、夫は「今生きているのは余分な人生だから」と言いながら、若者に勇気を与える大学を目指して、国立大学の副学長などを歴任し、私立大学の学長としての役割に残りの人生を捧げています。夫はその生き方は、家族である私にも子どもたちにも何事にも負けない勇気を与え続けています。夫は多くを語らない人ですが、その姿こそ、私の前向きの元気の源でもあります。

そして何よりも大切なことは、家族みんなが健康な「いのち」を持ち続けることであると思っています。

注

（注1）**東京大学原子核研究所**　通称〝核研〟（INS:Institute for Nuclear Study）があった所は現在、田無市の「いこいの森公園」となっている。この研究所は、東大だけでなく、いろいろな大学の研究者が原子核について研究することができた全国共同利用研究所。核研では、原子核・素粒子・宇宙線物理学、物質構造科学の優れた研究成果が生まれた。外国の研究機関との国際共同実験、そして理論物理研究部門の原子核・素粒子研究などがあり、ここで育った多くの研究者は各方面で活躍し、日本から輩出された多くのノーベル物理学賞の土台になった。

当時、日本の加速器による原子核研究は、文部省の高エネルギー物理学研究所、東京大学原子核研究所、東京大学中間子科学研究所がそれぞれ独立に推進していたが、一九九七年三機関は統合され、国立研究開発法人高エネルギー加速器研究機構が筑波に発足し、宇宙線部門は東京大学宇宙線研究所として柏キャンパスに設置。

（注2）**エストロゲン**　女性ホルモンの一種。卵胞ホルモンとも呼ばれるステロイドホルモン。
（注3）**プロゲステロン**　女性ホルモンの一種。黄体ホルモンの働きを持っているステロイドホルモン。
（注4）**ねんねこばんてん**　幼児を背負った上から羽織る広袖《ひろそで》の綿入れはんてんのこと。
（注5）**岡見吉郎**　農芸化学者。元北海道大学農学部教授。フルブライト奨学によりセルマン・ワックスマンに学び、帰国後各種抗生物質の発見に貢献した。微生物化学研究所副所長。また、国内外の各種理事・役員を歴任し、国際的に日本の抗生物質化学の進展に貢献した。
（注6）**乳房外パジェット病**　皮膚に分布する汗腺の一つである「アポクリン汗腺」に由来する皮膚がん。乳房以外でアポクリン汗腺が多く存在している部位、主に外陰部や肛門周囲、まれに腋窩《えきか》や臍《へそ》に発症する。
（注7）**増沢紀男**　脳外科医師。元自治医大教授。東京大学医学部出身。神経細胞死におけるCa^{2+}代謝異常の細胞生理学的研究。『家庭の健康べんり事典』などの著書がある。

終　章

未来の女性科学者たちに伝えたいこと

虹色に輝く七つのことば

1. 女性研究者と男性研究者の違い

よく言われることですが、女性研究者と男性研究者の違いはあるのでしょうか、ないのでしょうか。かくいう私は、男も女も無関係だと思って仕事をしてきました。何故なら「自分の夢を追い掛ける」という精神活動は男女ともに共通だからです。人を生物として見ると、男（オス）と女（メス）は生理的に異なる役割を持ちます。女（メス）は子どもを産むという役割がありますが、育児も分担する動物です。男（オス）は子どもが独り立ちして進める道（社会組織）を整備すれば良いのです。従って男性と違って、育児を担う女性の道のりは平坦《へいたん》ではなく障害物競走になるのです。だから一見すると、男性には自由度があり、女性には乗り越えるべきことがたくさんあるように見えます。

ある種の動物、アメリカタガメ、コウテイペンギン、ゴキブリ、タツノオトシゴ、ヨザルなどは、オスが育児をすることが知られています。これらの動物は人間と逆で、オスの方がたくさんの仕事があります。つまり、生物学的にはオスとメスどちらが育児をしてもよいのです。最も過酷な育児をするコウテイペンギンのオスは育児に命さえ懸けるのです。最近では人間社会でも、男性が育児をする「イクメン」が認識されるようになってきました。しかしながら、人間は感性が最も発達している動物ですから、出産した女性が育児を担う方がうまくいきます。経験的にも、子どもにとって母親に代わるものはありません。

これらのことから、私の結論は次のようなものです。つまり、男女にかかわらず分野の得手、不得手は必ずあるものの、サイエンスを研究する男女研究者に能力的な差はありません。出産・育児をする女性には大きな時間的ロスがあるから、その人生を生き抜くには工夫や支援が必須《ひっす》です。そこで、自由度があり、力が備わっている男性研究者は、先に自分が得意とする研究に邁進《まいしん》し、女性研究者を支援すれば良いのではないでしょうか。自由度がある女性研究者がいたら、同じように得意分野を進めれば良いのです。

かつて、筑波大医学専門学群で仕事を始めたころのこと、「三〝ない〟人間は医学では生きていかれない」といわれたことがあります。三〝ない〟とは、〝東大出でない、医者でない、男でない〟、です。私は〝ない〟ものに注目するのではなく、〝ある〟ものを目いっぱい活用して生きてきました。力のある男性は支援をしてくれるものです。

では、男性による女性の虐待（女性は家事だけやればよい、女の子は学校に行かせない、女の子を間引く（今はない））などがなぜ起きるのでしょうか。これは、これまでの人々が勝ち残るためにかかわった歴史、宗教、哲学、習慣、などがそうさせるのではないでしょうか。パキスタンの一七歳の少女、マララ・ユスフザイさんは世界中の女の子を含む子どもたちが質の高い教育を平等に受けられるよう命を懸けて訴え、二〇一四年のノーベル平和賞に選ばれました。このような受賞者が現れたことは、いずれ性差別のない新しい時代の到来を意味します。しかも、その到来は意外に早いかもしれません。

2. 時代の変遷

私が研究者としてスタートした一九七〇年ころと比較すると、女性の社会的地位について一九九四年（平成六年）に出された日本学術会議の声明「女性科学研究者の環境改善の緊急性についての提言」は隔世の感がありました。事実、平成元年から現在までの女性管理職の割合の変遷を見ると明らかです（二三九ページ、図4）。

その声明が出されてすでに二〇年を経た今でも、その内容は実に的を射ています。以下にその提言を紹介します。

日本学術会議の声明「女性科学研究者の環境改善の緊急性についての提言（声明）」：

――前略――

上記条約の理念を定着させ、また、政府・婦人問題企画推進本部が進めている男女共同参画型社会の形成を目指す「西暦二〇〇〇年に向けての新国内行動計画（第一次改定）」が完全に実現されるならば、性別役割分業意識の克服、及び出産・育児・介護にかかわる社会的支援制度の充実という点で一定の前進が見られるであろう。これらは、女性科学研究者育成・確保の基盤整備の一環をなすものであるから、「雇用の分野における男女の均等な機会及び待遇の確保等女子労働者の福祉の増進に関する法律」（男女雇用機会均等法）及び新国内行動計画を、速やかにかつ一層実効あるものにすることを政府に強く要望する。

さらに、我々科学研究者全体の責務として、女性科学研究者の環境改善のために次の事項について、自ら実行し、あるいは研究・教育機関や学術団体で協議し、又は政府、関係省庁に積極的に働きかけていくよう、ここに提言する。

（1）初等教育の段階から継続して、男女の別なく科学的な感性と力量を育成する環境を整えるとともに、男女平等を扱う学習内容を強化する。

（2）大学及び大学院における授業料減免制度、奨学制度あるいは休学・復学等の諸制度について、特に女性科学研究者育成の観点から見直す。

（3）業績を正当に評価し、昇進審査、就職斡旋《あっせん》・採用などの際に性的差別をせず、研究意欲を喪失させない環境をつくる。

（4）保育・介護サービスの充実に努力するとともに、公的研究・教育機関でも、育児休暇・介護休暇等の休業期間の業務の代行を可能とし、ゆとりのある人事体制を整え、また、適切な勤務形態を実現して、研究の継続性を保障する。

（5）科学研究者が旧姓を継続して使用することを保障する。

（6）女性科学研究者の就職の門戸を拡大するため、女性固有の生活過程に配慮するとともに、関係学術団体等の協力を得て就職にかかわる情報を広く公開する。

（7）科学研究費補助金制度などの研究助成制度を特に女性科学研究者の観点から見直す。
（8）雇用形態、評価、処遇などで性的差別を受けた場合の不服申立制度（オンブズマン制度等）を確立する。
（9）女性科学研究者の実態把握のために資料を整備する。
なお、これらの事項を含め、科学研究者に関する諸制度、環境整備等の方策の検討に際しては、相当数の女性委員が参画すべきである。
（日本学術会議平成六年五月二六日　第一一八回総会　声明一五より）

この声明は、女性の研究者の実態を実にうまくとらえて提言しています。日本の研究者に占める女性研究者の割合は、世界の先進諸国の内で最も少ないのです（図5の黒バー）。日本は先進国に仲間入りしているはずなのに、これらの提言が遅々として実践に移されないのは、日本人は精神を開放することが遅れているからだと私は考えています。この日本人の精神が〝明治維新〟を迎えるために、これからの人たちのさらなる努力に期待してやみません。

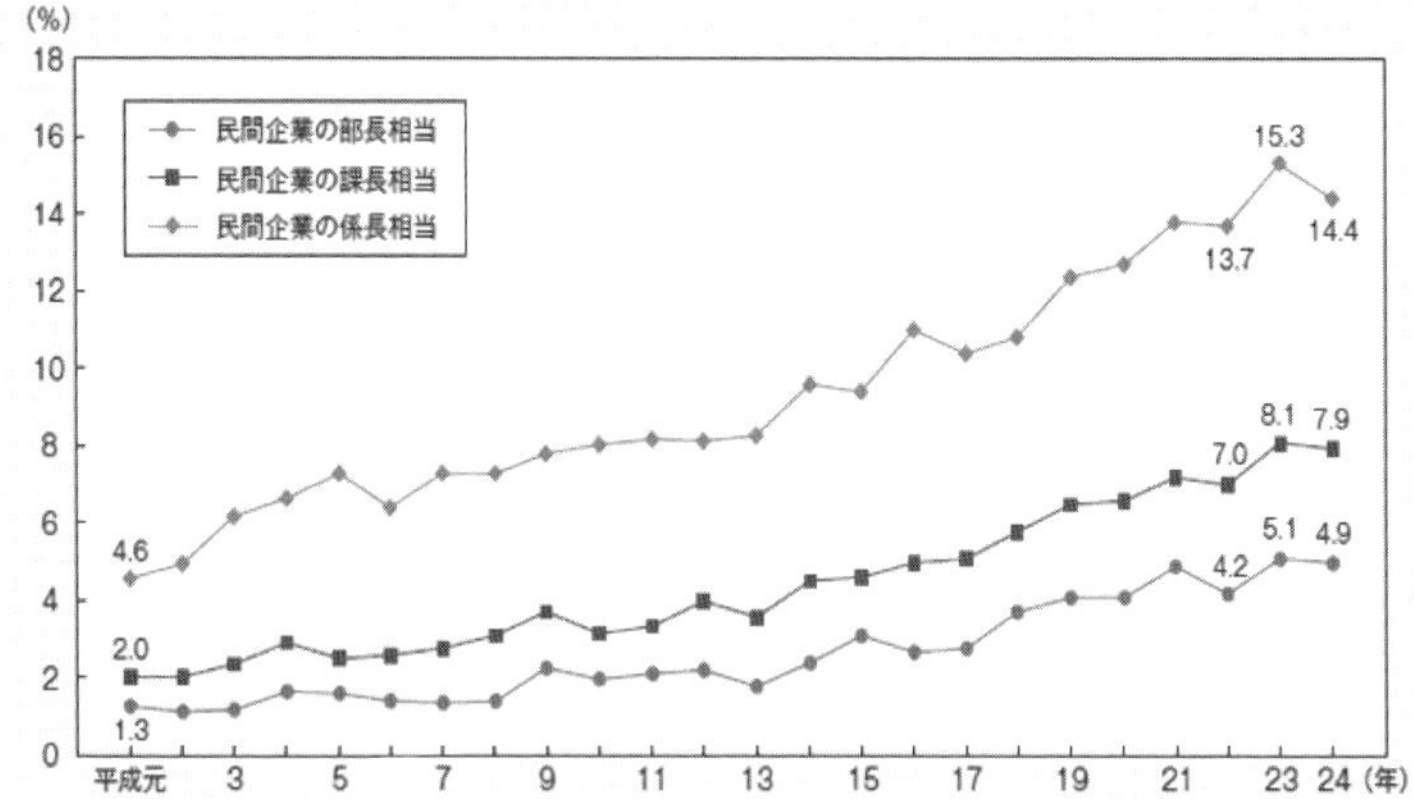

図４　管理職に占める女性の割合の推移　民間企業の女性管理職の部長、課長、係長の割合がそれぞれ、平成元年にはわずか1.3%、2.0%、4.6%であったのが、24年間でどれも約４倍に上昇している。（出典：厚生労働省「賃金構造基本統計調査」）

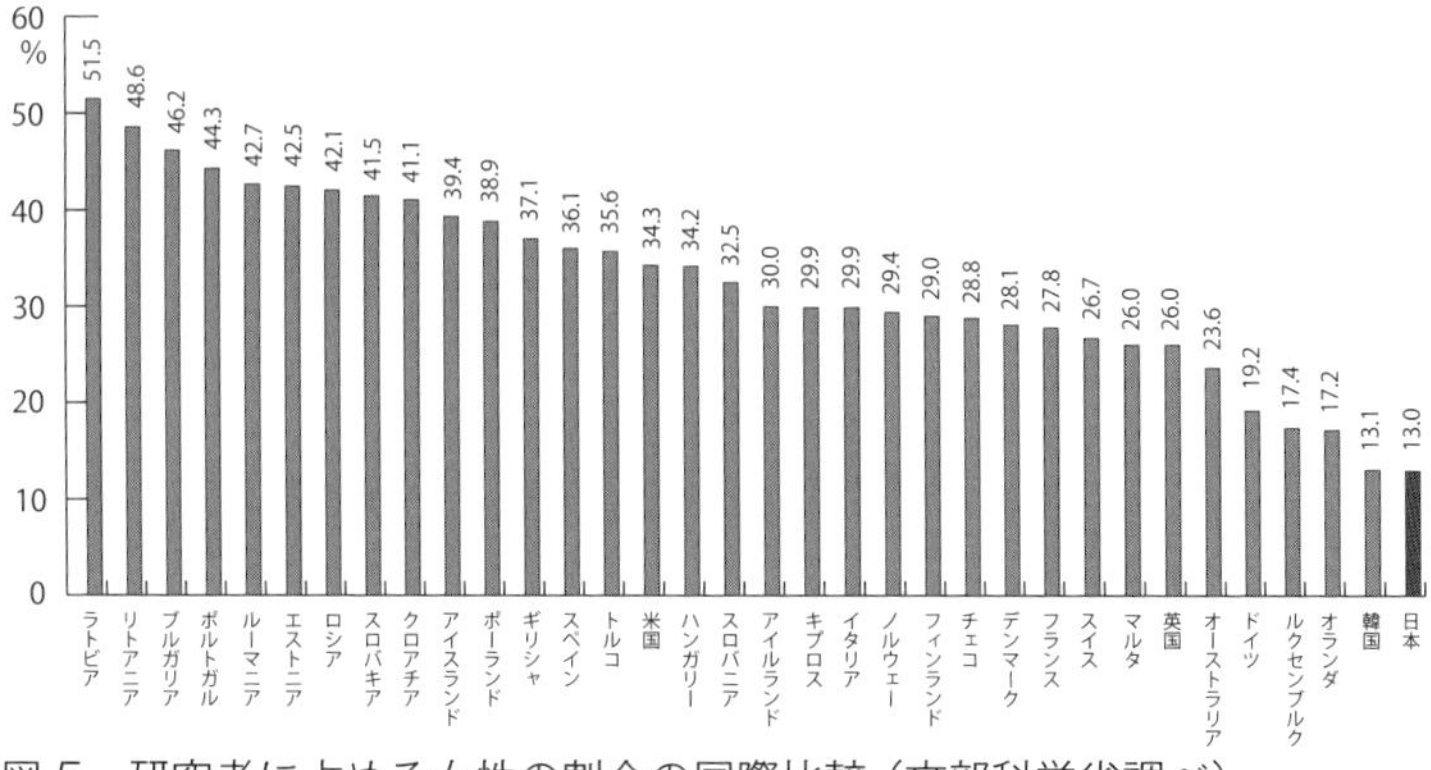

図５　研究者に占める女性の割合の国際比較（文部科学省調べ）

備考：各国の数値は次の時点のものである。ＥＵ諸国の値は、英国以外はEurostat 2007/01に基づく。推定値、暫定値を含む。ラトビア、リトアニア、スロバキア、ハンガリー、チェコ、マルタは2005年、ポルトガル、アイスランド、ギリシャ、アイルランド、ノルウェー、デンマーク、ドイツ、ルクセンブルク、オランダは2003年、トルコは2002年、その他の国は2004年。英国の値は、European Commission "Key Figures 2002" に基づく2000年。韓国およびロシアの数値は、ＯＥＣＤ "Main Science and Technology Indicators 2007/2" に基づく2006年。米国の数値は、国立科学財団（NSF）の「Science and Engineering Indicators 2006」に基づく雇用されている科学者における女性割合（人文科学の一部および社会科学を含む）、2003年。日本（黒バー）は、総務省「平成20年度科学技術研究調査報告」に基づく2008年３月。

3．虹色に輝く七つのことば

私の身近にいて、最も私に影響を与えた三人の女性、和泉美代子先生、浜田雅先生、向井千秋先生に共通するものは何でしょうか？　それは「ひたむきさ」です。私も同じことばを筑波大の医科学研究科長から頂いたことがあります。「あなたは一言で言えば、ひたむきな人である」と。このことからも「ひたむきさ」は私を含む四人に共通するのです。しかも、このうちの三人は年齢も環境も分野も違う女性の科学者です。「ひたむき」は漢字では「直向き」と書くので、よく言えば「一直線で損得を考えず無私である」ことを意味します。これが向井千秋さんの言う「同じ匂い」に相当するのでしょう。この「ひたむきさ」こそ、女性に備わっている「状況を切り拓《ひら》く力」の源になっているのではないでしょうか。

女性自身が潜在的に持っている「ひたむきさ」を引き出すために、私の経験から拾った七つのことばを選んでみました。それは〝虹色に輝く七つのことば〟でもあります。

夢を持とう

ひたむきにその道を進もう

工夫すればできる

結果は後から付いてくる
継続は力なり
目標ができると信じられないような力を発揮する
自立して自分自身がより良くなろう

これらのことばをもう少し解説してみましょう。

夢を持とうとは、どんな小さな夢でもいいのです。夢を持つことは万人誰もができます。夢を持てばその夢に向かって進むことができます。

ひたむきにその道を進もうとは、ひたむきに自分の道を進めば、苦しいことは楽しいことに変わります。

工夫すればできるとは、どんなことでも工夫すれば必ずできます。口を開けて待っているだけでは状況は変わりません。

結果は後から付いてくるとは、良い結果は望むだけでは得られません。努力した後に得られるものです。そして、どこかで誰かがきっとあなたを見ています。

継続は力なりとは、「石の上にも三年」と言われるように、どんなに状況が悪くても継続すればそれは必ず形になって自分に戻ってきます。

目標ができると信じられないような力を発揮するとは、「火事場のバカ力」ということわざ通り、目標があれば、障害を乗り越えて、それに向かって進む力が生まれます。

自立して自分自身がより良くなろうとは、組織の中では状況に流されるのではなく、自分自身が良くなれば自立して自分の行動を決定することができます。「隣の芝生は青く見える」ものなのです。ないものを持とうとするのではなく、自分の持っているものを磨く努力をしてください。

迷っているあなた、むなしさに苦しんでいるあなた、どうぞこの七つのことばを思い出してください。これらのことばは、きっと読者のみなさんの人生も虹色に輝かせるに違いありません。無意識ではありましたが、これらのことばが私の苦境を乗り越える「ひたむきさ」を引き出したように今になって実感しています。

私の歩んだ現実の道のりは、障害物競走の一本道でしたが、私のささやかな経験に基づいた本書から、読者のみなさんが自分の道を前に進む勇気を汲《く》み取っていただければ幸いです。

あとがき

この文章は、長い期間にわたって書きためたものを編集し直したものです。私は、頑張っている若者たちを支援したいという考えは前々から持っていました。この想《おも》いは本書の中に述べた「太田敏子賞」の精神でもありますが、そんな気持ちが本書執筆のきっかけを作りました。加えて、大島宣雄《のりお》筑波大名誉教授と筑波大大学院女子学生たちの一押しにも勇気を頂きました。振り返って自分の道のりを書いているうちに、このように障害物だらけの道をひたむきに奔《はし》った人もいたのですから、今の女性たちもぜひ頑張ってほしいと、研究者を目指す女性を支援する形になりました。

〝女性でよかった〟――女性として生きた意味

近年の女性の活躍は見事です。本書中で述べたように企業や大学の管理職に占める女性の割合も、不十分ではあるものの増えてきています。この活躍している女性の中には子どもを育てた女性も多くいます。しかも、近年、結婚の形態である家庭生活が多様化し、家事や育児を担う「主夫」や「イクメン」の概念も定着しつつあります。しかし、人が生活する環境は、ますます発展するテクノロジーにより驚くほど進化しているのに、生まれてからその命が終わるまでの人の営みは一〇〇〇年前とちっとも変わっていないのです。そのため、現実には、多くの女性は育児には限りない親の支援と工夫を必要とし、子どもが独立するころには親の介護が必要となります。仕事と両立させるのは難しいのが現状です。この問題を解決するには、個人の問題ではなく社会のシステム構築（育児システムと介護システム）が必須《ひっす》であると思います。安心して任せられる育児システムができない限り、仕事をする女性は子どもを産まないでしょう。私の経験からいえば、ぜひ女性には母性の至福を知ってほしいのです。そして、女性だけが持つ豊かなしくみを大事にして子どもを産んでほしいと願っています。男と女の愛とは比べることはできませんが、子どもに与える深い母性の愛こそ女性として生きた大きな意味があるのです。

謝辞

私はこれまで、非常に多くの暖かい人々との出会いに恵まれて歩んできました。多くの皆様にどんなに感謝しても感謝し切れることはありません。

それぞれの組織で仕事を進めるにあたり、さまざまにお世話になった多くの先生方、大学院の学生の皆様、秘書の方々、事務の方々に心より感謝申し上げます。

特に、筑波大での黄色ブドウ球菌の分子生物学とゲノム科学に関する数多くの私の研究業績は、教室の先生方や大学院生諸氏の努力の賜物です。私は若い皆様からわが子のようにエネルギーを頂きました。また、林英生教授はその研究のきっかけをつくってくださいました。さらに、秘書の方々には学系長室や研究室の煩瑣《はんさ》な諸事務を、事務官の方々には大学の各種の管理を支援していただきました。皆様に深く感謝申し上げます。

また、この著書を出版するにあたり、多くの皆様からご支援をいただいたことに深く感謝申し上げます。

いつも叱咤《しった》激励してくださり、原稿を通読し多くのコメントをいただいた大島宣雄筑波大名誉教授（名誉教授の会会長）および、ドメス出版を紹介していただいた大沢睦雄様、原稿に目を通していただき貴重なご意見をくださった諏合《すごう》輝子様（栃木県天文同好会会員、元自治医大講師）、浜田雅先生のご様子をお知らせいただいた後見人の玉村健様、ありがとうございました。

超お忙しいにもかかわらず帯の言葉を書いてくださった向井千秋様（ＪＡＸＡ宇宙飛行士、元宇宙医学生物学研究室長、現、国連宇宙空間平和利用委員会(COPUOS)議長、東京理科大学副学長）に厚くお礼を申し上げます。

そして、ドメス出版の佐久間俊一様、編集・校正の広瀬泉様には始めから終わりまでさまざまにお世話になり、本書が出版の運びとなりました。深く感謝申し上げます。

さらに、生活面では、子どもたちを全面的に支えてくれた今は亡き両親、さまざまに暖かく支えてくれた弟夫妻、妹夫妻、彼らの支援がなかったら今の私はなかったでしょう。心より感謝いたします。

私の三人の心優しい息子たちからはたくさんのエネルギーと数えきれない楽しい思い出をもらいました。深く深く感謝しています。

最後に、長い間、四六時中自身の体と向き合いながら、黙って見守ってくれた夫に心より〝ありがとう〟の言葉を送ります。

太田　敏子

著者紹介

太田　敏子（おおた　としこ）

1943年上海生まれ

東京都立大学理学部卒業、自治医科大学医学部研究生修了。理学博士、国立予防衛生研究所厚生技官、筑波大学基礎医学系教授を経て、筑波大学名誉教授。
専門は生化学・分子生物学・微生物学。院内感染菌MRSAのゲノム解析、ナトリウムポンプの構造解析の第一人者として知られる。現在、宇宙航空研究開発機構JAXA嘱託を経て宇宙医学プロジェクトアドバイザー、理化学研究所客員研究員、女子栄養大学客員教授・評議員、千葉科学大学非常勤講師、茨城県立看護専門学校非常勤講師、筑波サイエンスアカデミー協会役員などを兼任。

共著書に『生化学—分子から病態まで—』（東京化学同人）『メディカルサイエンス 微生物検査学』（近代出版）『人体の構造と機能及び疾病の成り立ち』（南江堂）など。

いのちの科学を紡いで
薬剤耐性菌の化学・タンパク質化学・微生物のゲノム科学・宇宙医学への道のり

2015年12月25日　第1刷発行
定価：本体2000円＋税

著　者　太田　敏子
発行者　佐久間光恵
発行所　株式会社 ドメス出版
東京都文京区白山3-2-4
振替　0180-2-48766
電話　03-3811-5615
FAX　03-3811-5635
http://www.domesu.co.jp

印刷・製本　株式会社 太平印刷社

ISBN 978-4-8107-0821-9　C0045